Neue Bettgeschichten für Manager

Matthias Wölkner

Neue Bettgeschichten für Manager

Und ist es nicht Wahnsinn, so ist es wenigstens gut bezahlt

Deutscher
Kommunikations
Verlag

Impressum

ISBN 978-3-937677-05-7

Cover: Hendrik Müller-Lenhartz,
Dipl.-Des., Berlin

Verlag:
Deutscher Kommunikations Verlag
Ahornweg 14
71155 Altdorf
http://www.d-k-verlag.de

Bibliografische Information der Deutschen Nationalbibliothek:
Die Deutsche Nationalbibliothek verzeichnet diese Publikation in der Deutschen Nationalbibliografie; detaillierte bibliografische Daten sind im Internet über http://dnb.dnb.de abrufbar.

Inhaltsverzeichnis

„Papi muss nicht arbeiten. Papi ist Manager.“
Simone, inzwischen 7 Jahre,
Tochter eines Fertigungsleiters

Vielen Dank!

Selber schuld. Warum hat Ihnen der erste Band auch so gut gefallen? Da sehen Sie, was Sie davon haben: den zweiten Band Bettgeschichten.

Falls Ihnen sein Vorgänger entgangen sein sollte, bedanken Sie sich bei den Leserinnen und Lesern des Urwerkes für das zweite Oeuvre in dieser fünfteiligen Trilogie zeitgenössischen Managements.

Im Ernst: Es freut mich, dass ausgerechnet jener Berufsstand, der gemeinhin als lernfaul und beratungsresistent gilt (was gar nicht stimmt!), sich sogar noch unter der Bettdecke zum Wohle seines Unternehmens und seiner MitarbeiterInnen weiterbildet. Wobei ich mich an dieser Stelle auch bei allen Beziehungspartnerinnen entschuldigen möchte, deren lesender Bettgeselle bei der Erfüllung seiner Beziehungspflichten wegen seiner nächtlichen Lektüre möglicherweise in Verzug geraten sein mag.

Leider ist von meiner Seite keine Entlastung zu erwarten: Die Bettgeschichten gehen weiter. Sie entwickeln sich langsam zur unendlichen Geschichte. Denn je dynamischer (sprich: hektischer) unsere kleine, verglobalisierte Wirtschaft wird, desto heftiger geraten Führungskräfte und ihre MitarbeiterInnen landauf, landab unter die Dampfwalze. Der Erfolgsdruck und die Leistungsziele werden mit jedem Jahr bedrohlicher. Ein Projekt jagt das andere. Die Probleme reißen nicht ab.

Die meisten Führungskräfte, die ich kenne und berate, sind 300 Tage im Jahr im Kampfmodus unterwegs, schwer gestresst, chronisch genervt, auf Burnouts Schneide baren Fußes wandelnd. Das Topmanagement brütet immer neue Grausamkeiten aus, ein Feuerlöscheinsatz folgt auf den anderen, die Konkurrenz wird immer drückender, der Markt immer erratischer, der Erfolgsdruck immer schärfer. Ach ja?

Nein. Nicht nur die Bedrohungen nehmen zu. Auch die Wohltaten und Remedien. Es gibt immer bessere Methoden und Techniken, dem Wahnsinn im Management per Management by Wahnsinn den Garaus zu machen. Für jedes neue Problem gibt es drei neue und viele alte, bewährte Lösungen. Wenn die Steine immer dicker werden, die wir klopfen müssen, dann wird es Zeit, dass Sie sich einen Presslufthammer zulegen. Blättern Sie weiter: Sie werden einen schönen Katalog Werkzeuge auf den folgenden Seiten finden. Und jede Menge Spaß.

Was immer auch Ihre aktuelle Herausforderung ist: Es ist ein Kraut dafür gewachsen. Ein Kraut, das zwischen zwei Buchdeckeln wächst. Eines, das Sie nur zu pflücken brauchen, um Ihre persönlichen Erfolg zum Blühen zu bringen.

Gesegnet, wer pflücken, lesen kann.

„Wenn wir alle Meetings abschaffen würden,
würde sich unsere Produktivität verdoppeln.
Wer will das schon?“
zynisches Vorstandsmitglied

1 Meeten Sie noch oder managen Sie schon?

Ärgernis Meeting

Die meisten Meetings sind ein einziges Ärgernis. Sie dauern zu lange und bringen zu wenig. Die meisten TeilnehmerInnen kommen unvorbereitet. Andere profilieren sich mit hohlem Geschwafel. Wenn ich mit (guten) Führungskräften über Meetings rede, ist die häufigste Assoziation: „Zeitverschwendung!“ Und das ist noch goldig, verglichen mit dem, was die Mitarbeiter über Meetings zu sagen haben.

Was Mitarbeiter denken

Chefs sind nach einem Meeting meist sehr zufrieden mit sich, ganz im Gegensatz zu ihren Mitarbeitern. Fragt man Mitarbeiter direkt nach einem Meeting, wie sie selbes erlebt haben, bekommt man meist zu hören:

- „In der Zeit hätte ich meine komplette Schreibtischarbeit erledigen können.“
- „Das Profiliergehabe vom Chef geht mir derart auf die Nerven. Ich höre schon gar nicht mehr zu.“
- „Wie sich der Chef das vorstellt, funktioniert das nie.“

- „Die Meetings dauern immer endlos und es kommt nicht wirklich etwas dabei heraus.“
- „Die interessanten Themen bleiben wie immer ausgeklammert.“
- „Der Chef produziert sich und wir nicken ab.“
- „Wir wussten ja, dass wir sparen müssen. Aber dass es noch nicht mal zu einem Moderationstraining für den Chef reicht ... “

Manchmal weiß ich nicht, ob ich die Ergebnisse der Mitarbeiterbefragung wirklich dem Chef mitteilen soll. Sie sind einfach zu deprimierend. In einem Satz:

> Meetings sind ein erstklassiger Effizienzkiller und Demotivationsfaktor.

Viele Chefs müssten eigentlich nach jedem Meeting Incentives und Prämien verteilen, um den desaströsen Demotivationseffekt des Meetings wieder aufzuheben.

Normal und Best Practice

Meetings haben in der Regel eine schwache Effizienz: viel Aufwand, wenig Ertrag. Sie haben nur eine geringe Effektivität: Es wird nicht wirklich etwas damit bewegt. Sie sind eine ziemliche Zeitverschwendung, ein echter Demotivationsfaktor für Mitarbeiter und ein Störfaktor fürs Arbeitsklima.

Oder wie ein Bereichsleiter bei einem Pharma-Unternehmen es mal formulierte: „Ein Meeting ist die beste Möglichkeit für einen Vorgesetzten, sich vor möglichst vielen Mitarbeitern möglichst nachhaltig selbst zu sabotieren und seine Geschäftsziele zu gefährden." Das ist der Normalfall.

Im Idealfall ist ein Meeting eines der besten Motivationsmittel: Motivation wirkt in der Gruppe sehr viel besser und schneller als unter vier Augen. Man nennt das auch den Fußballstadien-Effekt: Die Masse macht's. Im Idealfall ist ein Meeting hocheffizient: Der Chef muss nur einmal etwas sagen, und schon wissen es alle und setzen es auch um. Ein gutes Meeting gibt Motivation, Orientierung, Sinn, Ziele, Richtung und ist der erste Schritt zur erfolgreichen Marktbearbeitung. Fragt sich doch: Wie geht ein gutes Meeting? So einfach, dass die meisten es nicht fassen können:

1) Vorbereitung
2) Moderation
3) Nachbereitung

1. Schritt: Vorbereitung

Warum überziehen Meetings regelmäßig die eingeplante Zeit oder erreichen in der gesetzten Zeit nicht die erhofften Ziele? Weil zu viele zu dumm herumquatschen? Weil einige keine Ahnung haben, wovon sie sprechen? Das alles sind Ineffizienzfaktoren. Doch der größte Effizienzkiller ist die mangelnde Vorbereitung. Meetings werden normalerweise nicht vorbereitet. Sie werden spontan abgehalten: „Wir müssen unbedingt miteinander reden! Telefonieren Sie alle Teammitglieder zusammen!"

Das heißt: Der Chef ist nicht vorbereitet, die Teilnehmer hatten keine Chance, sich vorzubereiten. Unter diesen Voraussetzungen ein Meeting abzuhalten, ist grob fahrlässig und wird in einigen Ländern mit dem Entzug des Führerscheins für Vorgesetzte geahndet. Scherz beiseite: Vorbereitung ist der halbe Meetingerfolg. Warum bereiten viele Vorgesetzte sich und ihre Mitarbeiter nicht vor? Weil sie, und das ist kein Scherz, nicht wissen, wie. Dabei ist das nicht wirklich schwierig:

1) Listen Sie Ihre Themen auf einer Agenda (neudeutsch für Liste) auf.
2) Versehen Sie jeden Tagesordnungspunkt (TOP) mit einem realistischen Zeitbudget in Minuten: Wie lange werden Sie realistischerweise für jeden TOP benötigen? Sobald Sie das tun (und zeitorientiert moderieren, s.u.), überziehen Ihre Meetings nicht länger.
3) Kategorisieren Sie Ihre TOP: a) Informations-, b) Meinungsbildungs-, oder c) Entscheidungs-TOP (s.u., Moderation).
4) Verteilen Sie die Agenda spätestens drei Tage vor dem Meeting an die Teilnehmer, damit diese ihre eigenen TOP-Wünsche rückmelden und sich auf die TOP vorbereiten können.

Mündige Mitarbeiter?

Warum dürfen die TeilnehmerInnen ihre eigenen TOP-Wünsche einbringen? Weil dies verhindert, dass die Teilnehmer auf dem Meeting einschlafen, da sie das Gefühl haben, dass immer nur über das geredet wird, was der Chef für wichtig hält.

Die Meetingvorbereitung in vier Punkten macht mehr Aufwand, als mal schnell eine Besprechung vom Zaun zu brechen? Sicher. Dafür macht sie auch mehr Effektivität und Effizienz. Wie hätten Sie's gern? Bequem oder effektiv?

Erschreckend, nicht? Selbst die Meetingeffektivität ist eine Charakterfrage. Ob ein Meeting effizient ist oder nicht, hängt weniger von den Teilnehmern oder den Themen ab als vom einberufenden Chef: Hat er genug Charakter, es sich *nicht* bequem zu machen? Ist er ein Profi oder ein blutiger Amateur? Nichts gegen Amateure. Aber wer sich wie einer gibt, muss sich wie einer messen lassen.

2. Schritt: Moderation

Meetings frustrieren auch deshalb, weil Chefs in der Regel nicht moderieren können – kein Vorwurf, denn sie haben es nicht gelernt. Nur die wenigsten Unternehmen haben ein Management Development.

Chefs moderieren nicht, sie planieren (plattmachen, auf deutsch): „Das haben wir doch schon hundertmal durchgekaut, wann sehen Sie das endlich ein? Wir müssen ... Sie müssen ... und dann müssen wir noch ... "

Planieren demotiviert, weckt Widerstände, treibt in die innere Kündigung, in Passivität und stilles Sabotageverhalten. Planieren ist kontraproduktiv, weil die Mitarbeiter es danach dem Chef zeigen möchten, dass es eben nicht so geht, wie der Bulldozer es sich vorstellt. Was macht ein Moderator anders? Er

1) hört erst mal zu.
2) gesteht jedem, der im Meeting sitzt, eine eigene Meinung zu und nimmt diese zunächst widerspruchsfrei und freundlich zur Kenntnis (ein Gebot des Anstandes).
3) bringt dann seine eigenen Argumente sachlich vor, womit er dem Mitarbeiter die Chance gibt, sie sich zu eigen zu machen.

Ein Bulldozer versucht, andere zu überreden. Ein Moderator gibt ihnen die Gelegenheit, sich selbst zu überzeugen. Das heißt nicht, dass Sie nichts mehr anordnen können. Es gibt auch Themen, zu denen ein Chef keine Diskussion zulassen darf. Darüber sollte aber vorher bei allen Klarheit herrschen.

Moderation der TOP-Kategorien

Warum wird bei der Vorbereitung (s.o.) die jeweilige TOP-Kategorie festgelegt? Weil jede Kategorie eine andere Moderation verlangt:

- Bei reinen Informations-TOP darf der Moderator nur Verständnisfragen zulassen, weil sonst jeder sein Anglerlatein zum Thema beisteuert (deshalb überziehen schlecht moderierte Meetings ständig).
- Bei Meinungsbildungs-TOP moderiert der Moderator eine Diskussion, geht auf Meinungsäußerungen der Teilnehmer ein, macht laute Teilnehmer leise und leise lauter und achtet auf die Einhaltung des Zeitbudgets; das heißt er unterbindet Teilnehmer, die nach dem Motto reden: „Es wurde zwar schon alles gesagt – aber noch nicht von mir!“
- Entscheidungs-TOP werden so moderiert, dass sobald keine neuen Argumente mehr kommen, der Moderator zur Abstimmung schreitet, beziehungsweise Fragen aufwirft, die noch nicht gefallen sind.

Woher kann ein Moderator das alles? Aus einem Moderationstraining. Wer einmal im Quartal ein Meeting macht, kann das mit diesem Beitrag ganz ordentlich meistern.

Wer öfter meetet, sollte jährlich einmal ein Moderationstraining besuchen. Auch der FC Bayern kommt, wie man hört, nicht ganz ohne Training aus – also warum sollten ausgerechnet Führungskräfte ohne Training Spitzenleistung bringen (können)?

3. Schritt: Nachbereitung

Wer heutzutage noch Prosaprotokolle schreibt („ ... und dann sagte Frau Meier, dass sie das woanders schon mal ganz anders gesehen hat ... “) sollte möglichst rasch einen Antrag auf Frühverrentung stellen. Prosaprotokolle sind seit ungefähr fünftausend Jahren out. Warum?

Weil sie kein Mensch je gelesen hat. Heute schreibt man Beschluss- und Ergebnisprotokolle, die keine Protokolle mehr sind, sondern lediglich eine Liste, die drei Fragen beantwortet: Wer macht was bis wann (3W-Protokoll)? Das passt tabellenartig auf eine Seite.

Auf eine weitere Seite kommt der Ideen- und Themenspeicher mit den TOP für die nächsten Meetings. Bei jedem neuen Meeting schaut man sich das 3W-Protokoll zu Beginn kurz an und fragt:

- Was davon wurde erledigt?
- Mit welchem Ergebnis?
- Was ist noch offen?
- Was also muss von wem bis wann getan werden?

Wie fähig sind Sie?

Meetings, die in der Hälfte der Zeit das Doppelte erreichen – welche Führungskraft würde sich das nicht wünschen? Warum erreichen es dann so wenige?

Es liegt, wie immer, weniger an der Technik als an der Einstellung:

a) Wenig effiziente Führungskräfte konzentrieren sich in Meetings auf die Sachinhalte, auf Probleme und Lösungen. Sie fragen zum Beispiel: „Was ist die Lösung für dieses Problem?“ Das ist verständlich, aber verurteilt zur Ineffizienz, weil es einäugig ist.
b) Hoch effiziente Führungskräfte sehen mit beiden Augen: Sie achten auf die Sachebene und die Prozessebene. Sie fragen nicht nur nach der Problemlösung, sondern auch: „Wie schaffe ich es, dass Kollege Maier nur zwei statt fünf Minuten quasselt?“

> Effizient moderierende Führungskräfte haben die Moderation als Führungsaufgabe erkannt.

Wer das schafft, erkennt sofort, dass für ein gutes Meeting nicht viel nötig ist. Im Grunde nur eines: Fähigkeit. Wer Tennis spielen will, braucht die Fähigkeit dazu. Wer Integrale lösen will, muss dazu fähig sein. Wer effiziente Meetings haben will, muss Moderationsfähigkeit mitbringen. Diese Fähigkeit ist nicht genetisch bedingt. Sie lässt sich aneignen – was Sie mit diesem Beitrag schrittweise schon getan haben.

Wenn Sie effizientere Meetings haben möchten, arbeiten Sie an Ihren Fähigkeiten. Mit jedem Schritt, den Sie dabei machen, werden Ihre Meetings schneller, besser, effizienter und effektiver. Ich kenne einige Führungskräfte, die haben vierstündige Meetings auf eine halbe Stunde reduziert. Da wird wirklich was gearbeitet auf dem Meeting!

Und nicht nur das: Stellen Sie sich die Motivation vor, die auf einem solchen Meeting entwickelt wird! Die TeilnehmerInnen merken: Da geht was! Da bewegt sich was! Wir kommen voran! Die nächsten Schritte sind exakt vorgezeichnet, wir brauchen sie nur noch zu tun!

Genau das soll ein Meeting erreichen.

„Du musst deine Mitarbeiter so schnell übern Tisch ziehen, dass sie die dabei entstehende Reibungshitze für Nestwärme halten.“
Manager zum Kollegen während einer Kaffeepause

2 Sitzung im Stehen

Meetingschlaf

Was Sie im vorigen Kapitel lasen, war mal eine Newsletter-Ausgabe. Nachdem sie verschickt war, brach ein Feedbacksturm los. Die meisten Leserinnen und Leser meinten, dass ich in meiner Kritik an ineffizienten Meetings nicht weit genug gegangen sei und setzten noch einen oben drauf. Hier einige Aussagen:

- „Meeting ist die Kunst, mit offenen Augen zu schlafen.“
- „Meetings sind bei uns Akklamationsveranstaltungen, um dem Chef zu huldigen.“
- „Wer unfähig ist, selber eine Entscheidung zu treffen, beruft ein Meeting ein, um die Verantwortung aufs Gremium zu schieben.“
- „Die Pflaumen, die im Meeting den Schnabel am weitesten aufreißen, rühren nach dem Meeting am wenigsten den Finger, um die Beschlüsse umzusetzen, die sie lauthals vertreten haben.“
- „Wer ein Auto fahren will, braucht einen Führerschein. Warum brauchen Führungskräfte keinen Führerschein, um ein Meeting zu führen?“

- „Unser Chef bildet sich mächtig was drauf ein, wie toll er die Meetings leitet. Hinter seinem Rücken nennen ihn alle nur Attila, der Hunne.“

Eine Leserin ragt aus dem Ozean der aufgewühlten Empörung heraus. Sie ist Entwicklungsleiterin in einem Kosmetikunternehmen mit 270 Mitarbeitern. Hier ist ihr Leserbrief.

Leserbrief

„Im Vormonat entließ unsere Geschäftsleitung 32 Mitarbeiterinnen und Mitarbeiter. Jede unserer Führungskräfte besucht im Schnitt ein Meeting am Tag, das durchschnittlich 2,7 Stunden dauert. Unsere Meetings sind firmenintern als ‚Kaffeerunden mit gegenseitigem Schulterklopfen’ bekannt.

Ich habe das mal durchgerechnet. Wenn wir die Meetings auch nur auf die Hälfte ihrer Zeit reduzieren könnten, hätten wir – alle Folgeeffekte der Produktivitätssteigerung und Kostensenkung eingerechnet – auch nur die Hälfte der Leute entlassen müssen.

Als ich das in einem ‚Meeting’ der Geschäftsleitung einflocht, erntete ich Empörung. Noch nicht einmal der Chefcontroller verstand meine Kalkulation. Das heißt: Die Personalkosten sieht jeder, weil sie bilanziert werden. Die Kosten der Ineffizienz sieht keiner, weil man dazu rechnen können muss. Ich frage mich, wozu wir Controller und Kaufleute haben.“

Kommentar

An diesem Leserbrief sind einige Dinge erstaunlich:

- Da nimmt eine Führungskraft das Meetingelend mal nicht als gegeben hin, sondern begehrt dagegen auf. Beeindruckend.
- Die Führungsfrau sieht tatsächlich die Verbindung zwischen Meetingineffizienz und sozialer Verantwortung von Führungskräften.
  Atemberaubend!
- Der Leserbriefschreiber ist eine Schreiberin: Verspüren männliche Manager keine soziale Verantwortung?
- Viele Unternehmen bekämpfen lieber ihre eigene Belegschaft als ihre X-Inefficiency (die interne Ineffizienz einer Organisation).
- Anders formuliert: Damit sich einige wenige weiterhin in Meetings vor der Arbeit drücken, gegenseitig auf die Schulter klopfen und Kaffeetrinken können, müssen hin und wieder einige andere stempeln gehen.
- Oder wie Woody Allen es ausdrückte: „Der Stärkere frisst den Schwächeren und nur der Stärkste überlebt. Ich rede nicht von der Evolution. Ich rede vom Kapitalismus."
- Ineffizienz kostet Arbeitsplätze. Wie kann ein intelligenter Vorgesetzter das mit seinem Gewissen vereinbaren?

Synthese

Man könnte sich endlos darüber aufregen, dass Unternehmen Mitarbeiter entlassen, nur damit die „Großkopfeten“ weiter ihrer Meetingineffizienz frönen können. Man kann das Ganze aber auch mit Humor nehmen, wie der Vertriebsleiter eines Industriezulieferers es tat, der in einem meiner Führungsseminare berichtete:

„Ich bin bekannt für meine kurze Zündschnur (Gelächter im Seminarraum). Nein, nicht was Sie meinen. Ich bin einfach nur wahnsinnig ungeduldig. Mich hat die Meetingineffizienz schon lange aufgeregt. Weil ich nebenher die Fußballjugend von meinem Sohn trainiere, kam ich auf eine Idee: Mannschaftsbesprechungen am Spielfeldrand dauern selbst im Training nie lange. Also habe ich vor drei Jahren alle Stühle aus unserem Sitzungsraum entfernen lassen. Der Aufschrei war groß. Aber ich blieb gnadenlos.

Innerhalb von einem Monat hatten wir unsere Meetingdauer auf ein Drittel reduziert – mit deutlich gesteigerten Ergebnissen. Notorische Besprechungsverschlepper kamen spätestens dann ruckzuck auf den Punkt, als ihnen das Kreuz oder die Füße begannen, weh zu tun. Jetzt ist auch viel mehr Bewegung im Meeting. Die Leute gestikulieren mehr, laufen hin und her, hauen sich gegenseitig auf die Schulter oder springen in die Luft.

Das hat jetzt eher den Flair einer Teambesprechung am Spielfeldrand. Und so fühlen die Leute sich auch: Wie die Nationalmannschaft! Ein toller Motivationseffekt. Die Leute sind sogar scharf auf Meetings. Die fragen: Wann machen wir wieder ein Meeting? Früher hat jeder nur gestöhnt: Nicht schon wieder ein Meeting! Wir haben doch noch so viel anderes zu tun!"

Erraten Sie, was der Geschäftsführer sagte, als er sich einmal aus Versehen in so eine Besprechung verirrte? Richtig geraten: „Was soll der Unfug? Ist der Handwerker da? Wo sind eure Stühle? So kann man doch keine Besprechung abhalten." Die Leute lachten nur. Peinlich für den Oberboss, dass er nicht sofort erkannte, was hier gespielt wird.

Inzwischen haben zwei andere Abteilungen die Stühle aus ihrem Sitzungsraum entfernt. Eine hat Stehpulte aufgestellt.

Gute Ideen setzen sich durch.

„Auch früher gab es Azubis,
die keinen Dreisatz rechnen konnten.
Dann hat der Meister es ihnen
halt beigebracht. Heute jammert er, dass
die Jugendlichen nicht ‚ausbildungsreif' seien."
Hartmut Renner, Ausbilder

3 Mitarbeiter-Reanimation

Das Einzige, was bei der Arbeit stört, sind die Mitarbeiter

Haben Sie heute schon mit Mitarbeitern geredet? Das kann manchmal frustrierend sein. Die meisten Mitarbeiter sind zwar ganz nett – wenn man nichts von ihnen will. Aber wenn man mit ihnen über Ziele, verstärkte Anstrengungen, neue Wege, Effizienzsteigerungen oder Ähnliches reden will, verlaufen die Gespräche meist

- nach dem Trotzkopf-Muster
    - „Wieso das denn?"
    - „Muss das sein?"
    - „Ich habe doch schon genug zu tun!"
- oder nach dem Muster
    - „Jaja, mach ich schon"

und dann wird's eben nicht oder nur halbherzig erledigt.

Jeder Vorgesetzte hat die Mitarbeiter, die er verdient

„Es ist eben schwer, gute Mitarbeiter zu bekommen“ meinen viele Führungskräfte leicht resigniert. Vergessen wir da nicht etwas? Gehört es nicht zur Aufgabe einer Führungskraft, aus durchschnittlichen Mitarbeitern gute, wenn nicht herausragende Mitarbeiter zu machen? Sie stöhnen, weil Sie schon genug anderes zu tun haben? Ja, Führung ist ein harter Job. Man ist nicht nur für das Fachliche, sondern auch noch für Menschen zuständig. Und zu dieser Verantwortung für Menschen zählt nun mal deren Weiterentwicklung.

Moment mal, macht das nicht der Personalentwickler? Nein. Und in gut geführten Unternehmen steht das auch schon in der Job Description für Führungskräfte drin; Stichwort „Der Vorgesetzte als Coach/Personalentwickler“. Ist es schwierig, aus halblebigen Anwesenden gute Mitarbeiter zu entwickeln? Nein. Sie müssen dafür nur Zuhören und Reden können. Betrachten wir ein klassisches Beispiel.

Ronald, das faule Aas

Ronald, 34 Jahre, Ingenieur im Kundenkontakt, schafft es einfach nicht, Ablage, Vorgänge und Aufträge ordentlich, sauber und korrekt abzulegen.

Ständig fehlt irgend ein Datensatz oder Formblatt. Dadurch entstehen unnötige Rückfragen, Stornos, Reklamationen und Zeitverlust. Einmal ganz abgesehen von der Unzufriedenheit beim Kunden. Immer wieder redet Silke, Ronalds Vorgesetzte, ihrem Mitarbeiter ins Gewissen: „Bringen Sie doch endlich mal Ordnung in Ihren Papierkram!“ Macht’s der Mitarbeiter?

Nein, er sagt: „Das ist doch kein Problem, die paar kleinen Pannen. Bis jetzt hat es doch auch so geklappt.“ Silke ist sprachlos vor Frust. Am liebsten würde sie Ronald feuern. Das möchte sie aber nicht wirklich, weil er – abgesehen von seiner Unordentlichkeit – ein genialer Kundenberater und Ingenieur ist. Also hat sie keine Wahl: Sie muss ihn zur Ordentlichkeit erziehen. Leider packt sie das völlig falsch an – obwohl sie zwei kleine Kinder zu Hause hat (was nicht nur Müttern, sondern auch Vätern passiert).

Kinder und Mitarbeiter erziehen

Es gibt Eltern, die etwas hundertmal sagen müssen, damit es der Sprössling erledigt; wenn überhaupt. Dann gibt es Eltern, denen gehorchen die Kinder aufs Wort. Haben diese Eltern andere Kinder? Nein, sie gebrauchen andere Worte.

Nicht jede Kommunikation ist gleich, auch wenn sie den gleichen Inhalt hat. Was macht Silke falsch? Sie ist nicht beim Mitarbeiter. Seltsamerweise passiert ihr das nicht bei Kunden. Sagt ein Kunde zu ihr „Ich überlege mir, ob Produkt X das richtige für mich ist“, dann sagt sie nicht: „Ach was, unterschreiben Sie hier.“ Warum nicht? Weil der Kunde noch nicht so weit ist. Aber Ronald verschreibt sie sofort eine Lösung, obwohl sie nicht geprüft hat, ob Ronald schon so weit ist.

Wenn wir Menschen nicht dort abholen, wo sie gerade stehen, reden wir an ihnen vorbei.

Das gilt für alle Arten von Menschen: Kinder, Beziehungspartner, Chefs, Kunden, Mitarbeiter, Manager, ...

Die vier Stufen des Ausblendens

Sie möchten Ihren Mitarbeiter abholen? Ja, wo steht er denn? Er kann an Hunderten „Bushaltestellen“ stehen. Um die Sache zu vereinfachen, konzentrieren wir uns auf vier Haltestellen:

1) Existenzphase: Der Mitarbeiter leugnet die Existenz des Problems: „Ach, das ist doch alles kein Problem!“
2) Relevanzphase: Er leugnet, dass das Problem von Bedeutung ist: „So schlimm ist das doch nicht!“
3) Lösungsphase: Er bestreitet, dass die Aufgabe lösbar ist: „Das haben wir doch alles schon versucht!“
4) Fähigkeitenphase: Er glaubt nicht, dass er es packen kann.

Wo sollte Silke ihren Ronald abholen? In welcher Phase befindet er sich? Er ist in der existenziellen Phase. Er bestreitet die Existenz des Problems: „Das ist doch kein Problem, ... “ Und ausgerechnet so einem Mitarbeiter rät Silke „Beseitigen Sie das Problem.“ Welches Problem? Ronald hat keines. Einem Mitarbeiter, der kein Problem sieht, kann man nicht mit Lösungen kommen.

Na, so eine Unverschämtheit! Was bildet sich der Mitarbeiter überhaupt ein? Falsche Frage. Richtige Frage: Wie schaffen Sie es, dass der Mitarbeiter das Problem sieht? Dass er aufhört, Teile der Realität (Existenz, Relevanz, ...) auszublenden?

Was ein Mensch auch immer ausblendet: Blenden Sie es wieder ein.

Existenz einblenden

Bevor Sie dem Mitarbeiter eine Lösung aufgeben, müssen Sie ihm erst das Problem sichtbar machen. Wie? Indem Sie Beispiele für das Auftreten des Problems aufzählen, Belege anfügen, eben zeigen, dass das Problem tatsächlich existiert.

Silke sagt zum Beispiel: „Beim Auftrag Meier fehlen die Anwendungsdaten und die Daten zum Installationskontext!" Was sagt Ronald darauf? „Ja, schon, aber das ist doch nicht so schlimm!" Das ist ärgerlich, wenn Mitarbeiter so uneinsichtig sind, nicht wahr? Nein, es ist erfreulich. Denn Silke hat damit bereits einen ersten Erfolg erzielt.

Sie hat Ronald aus seiner Existenzphase herausgerissen. Vorher leugnete er die Existenz des Problems rundheraus: „Ach, das ist doch alles kein Problem!" Jetzt ist er schon einen Schritt weiter. Er leugnet nur noch die *Relevanz* des Problems: „Das ist doch nicht so schlimm!" Das heißt: Silke hat Ronald in die zweite Phase gehievt. Er verdrängt nur noch die Relevanz, die Wichtigkeit des Problems. Also macht Silke weiter.

Sie haben Bedenken? Sie fragen sich, warum Sie so umständlich mit Mitarbeitern reden sollen? „Warum kapiert der Mitarbeiter nicht einfach, was ich von ihm erwarte?“ Weil Sie dann überflüssig wären. Weil dafür keine Führungskraft nötig wäre. Einem Mitarbeiter zu sagen, was er zu tun hat, kann auch jede Putzhilfe (nichts gegen Putzhilfen). Führung dagegen bedeutet, Menschen zu führen, die es auf Anhieb nicht kapieren, die auf den rechten Weg geführt werden müssen.

Relevanz einblenden

Wie kann Ronald behaupten, das Verschlampern von Kundendaten sei ein Kavaliersdelikt? Hat er noch alle Kekse in der Büchse? Weiß er nicht, wer sein horrendes Gehalt bezahlt? Doch, weiß Ronald alles.

> Es ist zwar verständlich, nutzt aber nix, wenn Sie Gesprächspartner verteufeln.

Wenn jemand ein Problem bagatellisiert, dann in der Regel nicht, weil er ein Schuft und Schurke ist. Sondern weil er die Folgen des Problems nicht sieht, nicht sehen will oder unterschätzt. Also korrigieren Sie seine Einschätzung. Wie? Zeigen Sie die Konsequenzen auf. Die Konsequenzen für das Unternehmen und für den Mitarbeiter.

Lösen Sie Betroffenheit aus, aber tun Sie das beziehungsfreundlich. Silke zum Beispiel sagt: „Sie sind einer meiner besten Ingenieure. Aber was nützt mir das, wenn wegen Ihnen der Rest der Truppe tagelang Dinge glattbügelt, die sie von der eigentlichen Arbeit abhalten?

Was Sie vorne an Umsatz reinholen, machen Sie hinten an Kosten kaputt. Wie lange, glauben Sie, können wir uns das noch leisten?" Das ist freundlich aber deutlich. Wie reagiert Ronald?

Er sagt: „Ja, schon, aber ich habe doch die Zeit gar nicht! Außerdem, Ärger mit Kunden gibt es doch immer wieder. Das können wir doch nie ganz abstellen." Verdammte Hacke, wird der Kerl denn nie einsichtig? Muss der immer noch auf stur stellen? Das ist so ärgerlich! Nein, ist es nicht.

Wenigstens ärgert Silke sich nicht. Sie freut sich sogar. Hat sie ein Rad ab? Nein, sie hat lediglich erkannt: Ronald dreht sich nicht im Kreis. Ronald ist eine Stufe weiter gesprungen. Jetzt leugnet er nicht mehr die Relevanz des Problems, sondern nur noch dessen generelle Lösbarkeit. Silke gratuliert sich. Sie hat ihren Mitarbeiter auf die nächste Stufe geholt.

Lösbarkeit vor Lösungsfähigkeit

Ronald hat mittlerweile die Relevanz des Problems akzeptiert. Was er bestreitet, ist dessen Lösbarkeit. In dieser Phase befinden sich viele Mitarbeiter bei vielen Problemen. Zum Beispiel auch beim Umsatzproblem:

„Wir brauchen mehr Umsatz!"
„In diesen Zeiten? Gerade stand in der FAZ, dass die Leute weniger ausgeben werden. Die Konjunktur! Das Internet! Der Wettbewerb! Wir können einfach nicht mehr Umsatz machen."

Wie bewältigt der unerfahrene Vorgesetzte diese Gesprächsphase? Er gibt Kontra: „Redet hier nicht rum. Kommt in die Gänge! Es interessiert mich nicht, was in der FAZ steht. Wir brauchen mehr Umsatz!“ Ist das überzeugend? Wohl kaum.

Sie überzeugen Menschen nicht, indem Sie ihnen widersprechen.

Wenn Sie möchten, dass Ihre Mitarbeiter die Lösbarkeit eines Problems akzeptieren, müssen Sie das glaubhaft und überzeugend darlegen. Zeigen Sie es ihnen, am Beispiel, am Vorbild, an den Methoden, Instrumenten, Lösungswegen. Logisch, das erfordert etwas mehr Führungsarbeit und Intelligenz als Kontra geben. Aber gerade das macht eine gute Führungskraft aus: Sie ist etwas intelligenter als der Rest. Deshalb ist sie Führungskraft geworden.

Eigene Fähigkeiten einblenden

Erst in dieser Phase dürfen Sie Lösungen vorschlagen. Silke sagt zum Beispiel: „Arbeiten Sie endlich mit unserem Auftragsverfolgungssystem. Das funktioniert bei den Kollegen ganz ordentlich und macht wenig Aufwand.“ Was sagt Ronald darauf? „Ja, schon, aber die Kollegen machen doch viel weniger Umsatz als ich. Die können sich in aller Ruhe dem Papierkram widmen. Ich habe die Zeit nicht, weil ich Umsatz mache!“

Ärgern Sie sich nicht. Ronald könnte genau so gut sagen: „Die Kollegen haben andere Bürostühle, eine andere Augenfarbe und ihr Haarfön hat eine andere Drehzahl.“

Völlig irrelevante Argumente, die nichts zu sagen haben, außer: „Bei mir funktioniert diese Lösung nicht, denn mein Problem ist zwar ähnlich, aber ganz anders."

Bitte fallen Sie nicht auf diese entnervenden Argumente herein: „Was hat denn der Bürostuhl damit zu tun? Sind Sie übergeschnappt?"
Nein, Sie können den Ärger vergessen, denn Sie haben den Mitarbeiter weiter gebracht: Er bestreitet nicht länger, dass das Problem überhaupt lösbar ist, er bestreitet jetzt nur noch, dass *er* es lösen kann. Zeigen Sie ihm, dass er es kann.

Einfach wieder einblenden

Ist es Ihnen aufgefallen? Im Grunde geht es immer nur um dasselbe: Der Mitarbeiter blendet Teile der Realität aus. Zunächst blendet er

- die Existenz des Problems aus
- dann seine Relevanz
- daraufhin dessen Lösbarkeit und
- schließlich seine eigene Lösungsfähigkeit.

Erkennen Sie, was der Gesprächspartner ausblendet, und dann: Einfach wieder einblenden. Damit ist en passant auch eine uralte Frage beantwortet:

Wie motivieren Sie Menschen? Indem Sie einblenden, was diese ausblenden.

Wie blenden Sie die eigene Lösungsfähigkeit des Mitarbeiters wieder ein?

Eigenkompetenz einblenden

Glauben Sie bloß nie, dass der Mitarbeiter Sie mit seiner nervenden Ausblenderei manipulieren will. Er will Ihnen nicht weismachen, dass er das Problem nicht lösen kann. Er glaubt das tatsächlich! Er glaubt wirklich, ehrlich und aufrichtig, dass seine Kollegen nur deshalb so ordentlich sind, weil sie weniger Umsatz machen als er. Und wenn er erfährt, dass das nicht stimmt, findet er einen anderen Grund, der ihm und nur ihm völlig plausibel erscheint. Also bestrafen Sie ihn nicht für vermeintliche Ignoranz.

Holen Sie ihn aus der Sackgasse heraus, in der er selbst nicht glücklich ist. Dafür gibt es mehrere Möglichkeiten, je nach Ihrer Führungserfahrung und nach Mitarbeiter:

- Sie können es provokant machen: „Wie bitte? Sie sind einer meiner Spitzenverkäufer und schaffen das nicht? Sie verkaufen zwar super, aber das können Sie mir nicht verkaufen.“
- Sie können an die Erfolge der Vergangenheit erinnern: „Damals bei Einführung der neuen Software haben Sie das auch gesagt. Dann haben Sie sich reingekniet und jetzt beherrschen Sie das aus dem Effeff.“
- Sie können auch das Phasenschema selbst transparent machen: „Sehen Sie, wir haben jetzt herausgefunden, dass das tatsächlich ein Problem ist, dass es ein gravierendes ist, dass man es lösen kann. Jetzt müssen wir nur noch eine Lösung finden, die Ihnen voll und ganz entspricht, hinter der Sie stehen können. Probieren Sie's doch einfach mal. Wenn Sie die freie Wahl haben: Wie möchten Sie es anpacken?“

Verantwortung beim Mitarbeiter lassen

Wann immer Sie möchten, dass der Mitarbeiter einen bestimmten Lösungsweg beschreitet: Verkneifen Sie sich Vorschläge! Sie wissen doch inzwischen, was passiert, wenn Sie sagen: „Machen Sie das so und so!"

Der Mitarbeiter kommt entweder sofort mit „Ja, aber das geht aus diesem Grund doch nicht!" und/oder er packt die Lösung so an, dass sie zwangsläufig schief gehen muss, läuft danach zu Ihnen und sagt: „Sehen Sie, sagte ich Ihnen doch gleich, dass das nicht geht!"

Deshalb: Lassen Sie die Verantwortung für Lösungen immer beim Mitarbeiter. Seine eigenen Vorschläge sabotiert kein Mensch. Sie müssen ja nicht mit jedem Vorschlag einverstanden sein. Sie können so lange verhandeln, bis der Mitarbeiter einen Vorschlag macht, der Ihnen passt. Dann ist es immer noch der Vorschlag des Mitarbeiters.

Wenn der Mitarbeiter springt

Mitarbeiter sind sprunghaft. Sie springen oft in eigentlich überwundene Phasen des Ausblendens zurück. Ärgern Sie sich nicht. Steigen Sie lieber auf dem vom Mitarbeiter angebotenen Level ein: „Das hatten wir doch vorher schon. Wir waren uns doch eben einig, dass das Problem eine beträchtliche Relevanz hat. Spielen Sie es jetzt doch bitte nicht wieder herunter."

Ist diese Technik etwas für Sie?

Die eben beschriebenen vier Stufen des Einblendens sind nicht für alle Führungskräfte und Menschen gleich geeignet. Lassen Sie mich grob vereinfachen: Es gibt zwei Arten von Menschen.

A) Jene, die sagen: „Der Mitarbeiter soll sich nicht dümmer stellen, als er ist. Wenn ich ‚Hüpf!' sage, dann weiß er ganz genau, was ich von ihm erwarte."

B) Jene, die sagen: „Wenn ein Mitarbeiter nicht versteht, was ich von ihm will, dann muss ich mich eben so ausdrücken, dass er versteht, was ich will."

Die erste Gruppe kann mit dem Vierstufenmodell des Einblendens wenig anfangen. Wozu auch über vier Stufen gehen, wenn der Mitarbeiter einfach zu kapieren hat, was man ihm sagt? Die zweite Gruppe beherrscht das Modell schon nach wenigen Versuchen. Motivation und Leistung ihrer Mitarbeiter und Mitmenschen explodieren förmlich. Das bewegt die Mitglieder der ersten Gruppe zur Aussage: „Der hat halt die besseren Mitarbeiter!" Stimmt.

> Wer besser kommunizieren kann, bekommt auch die besseren Mitarbeiter.

So gesehen ist die Welt sehr gerecht: Die bessere Führungskraft hat auch die besseren Mitarbeiter. Oder wie der Schwabe sagt: Wie der Herr, so's G'scherr.

„Das Kind, das du heute schlecht erziehst, ruiniert übermorgen dein Unternehmen."
Frenzi Solms, Familienunternehmerin

4 Wenn der Alte geht

Mythen des Generationswechsels

Viele Unternehmen sind Familienunternehmen. Wenn „der Alte" schließlich geht, bricht oft das Chaos aus. Zwar ist rechtlich alles geregelt: „Der Junge" übernimmt mit allen Befugnissen das Unternehmen. Doch die rechtliche Seite ist nicht das Problem, es ist die menschliche: Beide sind todunglücklich damit.

Der Alte fühlt sich aufs Abstellgleis geschoben und befürchtet die Demontage seines Lebenswerks. Der Junge läuft Amok, weil er ständig den heißen Aufpasser-Atem des Alten im Nacken spürt.

Wir lernen daraus: Wer nur die rechtliche Seite des Generationswechsels regelt, hat die wichtigste Seite vergessen: die menschliche.

Sie entscheidet über Erfolg oder Misserfolg aller drei beteiligten Existenzen: des Jungen, des Alten und des Unternehmens.

Dass alle Beteiligten in dieser schwierigen Lage Rat suchen, ist verständlich. Weniger verständlich sind einige der populärsten Ratschläge, die Ratsuchenden in dieser Situation fahrlässigerweise gegeben werden. Vier der häufigsten falschen Ratschläge beim Generationswechsel betrachten wir genauer.

1. „Die Nachfolge sollte frühzeitig geplant werden."

Ein gutgemeinter Rat, der immer wieder von sogenannten Beratern vorgebracht und ad nauseam in den Wirtschaftsgazetten und Schundbüchern zum Thema nachzulesen ist. Leider geht dieser Tipp völlig an der Realität vorbei. Der Senior denkt nämlich überhaupt nicht daran, „frühzeitig" seinen Abgang zu planen, weil er überhaupt nicht daran denkt, seinen Abgang zu planen.

Er möchte so lange wie möglich bleiben. Oder wie ein Busunternehmer mir einmal erklärte: „Ich habe als Kfz-Mechaniker angefangen, bin nachts Taxi gefahren, dann kam der erste Kleinbus dazu und jetzt sind es über 100 Busse. Niemand kennt sich hier so gut aus wie ich. Kennen Sie jemanden, der meine Erfahrung hat?"

Der Senior hängt an seinem Lebenswerk. Er sieht, dass der Junge noch viel zu unerfahren ist. Und was raten ihm die Berater in dieser prekären Situation? Er solle frühzeitig planen. Das hat mit dem Problem rein gar nichts zu tun. Das Problem ist nicht die Fristigkeit der Nachfolgeplanung.

Das Problem ist, dass der Senior das Gefühl hat: „Ich kann noch nicht weg!" Solange er dieses Gefühl hat, zögert er die lästige Nachfolgefrage so lange hinaus,

- bis er erkrankt oder stirbt. Unglaubliche 31 Prozent aller Generationswechsel werden durch Krankheit oder Tod entschieden – mit einer geplanten, geregelten und ordentlichen Übergabe hat das dann nichts mehr zu tun.

- bis der Wechsel viel zu spät, überhastet und schlecht geplant vollzogen werden muss.
- bis der/die Junge enttäuscht abwandert und woanders sein/ihr Glück sucht.
- bis das Unternehmen wichtige Innovationen verschlafen hat und auch der Junge nicht mehr viel retten kann.

Um es klar zu sagen: Auf diese Weise werden Familienunternehmen zerstört – ganz zu schweigen von der Familie des Juniors und den Familien der Beschäftigten. Doch solange der Senior das Gefühl hat, dass es ohne ihn nicht läuft, plant er keine Nachfolge. Ihn daran zu erinnern, er solle „frühzeitig“ planen, ist blanker Hohn und wird von Seniorchefs auch als solcher empfunden: „Wie denn? Wenn der Junge noch nicht reif ist!“

Wozu schlechte Berater engagieren?

Solange der Senior glaubt, dass er beim Weggang sein Lebenswerk verrät oder verliert, geht er nicht weg. Unerfahrene oder fahrlässige Berater weisen den Senior in dieser verfahrenen Situation darauf hin

- dass der Junge den Laden in zwei, drei Jahren schon in den Griff bekommen wird.
- dass es auch sehr kompetente externe Geschäftsführer gibt.
- dass der Alte dem Jungen doch eine Chance geben soll.

Was halten Sie davon? Das sind in den Wind gesprochene Worte. Denn der Senior hat das Gefühl, als würde er durch seinen Weggang sein Lebenswerk verlieren. Und nichts, wirklich nichts auf der Welt kann ihn vom Gegenteil überzeugen. Selbst wenn sein Nachfolger ein wahres Genie wäre. Das Gefühl, sein Lebenswerk zu verlieren, verliert ein Firmenvater erst, wenn er sieht, dass sein Lebenswerk weitergeht. Nämlich woanders.

Das Leben danach

Es gibt einen einfachen, psychologisch fundierten und statistisch validierten Zusammenhang: Firmenchefs, die im Leben nach dem Weggang keinen Sinn sehen, gehen nicht weg oder verpassen den spätestmöglichen Zeitpunkt. Seniorchefs, die nach dem Weggang höhere Ziele verfolgen, verlassen zwar etwas wehmütig, aber mit neuen Zielen und vor allem rechtzeitig ihren Sessel, weil sie sich zu Größerem berufen fühlen. Sie werden Verbandschef, Konsul, Seniorpartner in AG´s oder Beratungen oder vertiefen sich ganz in gesellschaftlichen oder sportlichen Meriten.

Es gibt unbegrenzte Möglichkeiten, höhere Ziele zu finden. Man muss sie nur entdecken. Dabei sind die Lebenspartner unschätzbare Hilfen. „Ich konnte einfach nicht weg aus dem Betrieb“, sagt ein 65jähriger Firmenchef, „bis mich meine Frau an meine Jugendleidenschaft erinnerte.“ Jetzt ist er einer der wenigen Spezialisten für Inka-Kodicis, reist durch alle Welt, hält Vorträge – und lässt seine Tochter in Ruhe, die jetzt das Familienunternehmen führt. Sehr erfolgreich übrigens.

Lebensplanung – ein Fremdwort?

Nicht immer können Freunde oder Lebenspartner diese unterstützende Funktion erfüllen. Dann kauft man sich die Funktion eben ein. Genauso wie es Berater für die rechtliche und finanzielle Seite des Übergangs gibt, gibt es Berater, die die persönliche Seite, die Lebensplanung ins Lot bringen. Man nennt sie Coaches oder (Change)Prozessbegleiter.

Sie verhindern, dass der Senior nach dem Weggang in das berüchtigte Schwarze Loch fällt. Sie helfen ihm, die größeren und höheren Lebensziele wiederzuentdecken. Und davon hat jeder Seniorchef genug, sonst hätte er nie eine eigene Firma geführt. Seniorchefs sind Pioniere, und unerforschte Grenzen gibt es noch genug auf dieser Welt. Man muss sie nur entdecken und beschreiten – und sich möglicherweise dabei helfen lassen.

Sagt eine 58-jährige Firmengründerin eines Reisebüros, die momentan an die Übergabe denkt: „Es ist schon verrückt. Für die rechtliche Seite habe ich meinen Juristen, für die vertragliche die Rechtsanwälte und für die finanzielle einen Unternehmensberater. Aber glauben Sie, ich hätte daran gedacht, mir auch für meine persönliche Lebensplanung einen professionellen Berater zu nehmen? Das fiel mir erst im letzten Augenblick ein."

Wenn Sie also wieder einen schwach belichteten Zeitgenossen sagen hören, ein Familienunternehmer solle die Übergabe „rechtzeitig" planen, kleben Sie ihm das Etikett „Loser" auf die Stirn. Es ging nie um die Rechtzeitigkeit. Es ging immer nur um die Lebensplanung „danach". Steht sie, geht der Alte auch „rechtzeitig". Steht sie nicht, nützen alle Appelle zur Rechtzeitigkeit nichts.

2. „Die Nachfolgefrage sollte methodisch-nüchtern angepackt werden."

Noch so ein guter Rat, der böse endet. Der Alte kocht vor Frust, weil er sein Lebenswerk zu verlieren droht. Der Junge bockt, weil der Alte ihn nicht in Ruhe werkeln lässt, und die Mitarbeiter verkriechen sich ängstlich hinterm Schreibtisch – und dabei soll man „methodisch-nüchtern" bleiben? Wie weltfremd muss ein Mensch sein, um etwas so Absurdes fordern zu können?

Richtig ist: Die rechtlichen Fragen der Nachfolge sollte man methodisch-nüchtern klären, auch die vertraglichen und finanziellen – aber doch nicht die menschlichen! Warum soll der Senior die Nachfolge plötzlich völlig anders anpacken als er sein ganzes, erfolgreiches Berufsleben lang Probleme angepackt hat? Nämlich mit ganzem Herzen und total emotional?

Wenn einer seiner besten Mitarbeiter Probleme hat und bockt und trotzt, dann packt er ihn doch auch nicht methodisch-nüchtern an. Er nimmt ihn sich zur Brust, fragt ihn nach seinem Kummer und redet ihm gut zu. Emotional, menschlich – nicht „methodisch-nüchtern"!

Senior, bleib Mensch!

Zeit seines Lebens hat sich der Alte mit den Menschen beschäftigt, die er beschäftigte. Deshalb respektieren ihn seine Leute auch mehr als einen „gewöhnlichen" Chef.

Und ausgerechnet bei der eigenen Nachfolge soll er dieses erfolgreiche Führungsprinzip wegwerfen? Für wen ergibt das einen Sinn? Nur für die Berater, die ohne jede Erfahrung die persönliche Notlage eines Familienunternehmers ausnutzen und dafür frech kassieren wollen.

Tatsächlich wird alles nur noch schlimmer, wenn der Senior bei der Nachfolge „methodisch-nüchtern“ bleibt. Menschen nehmen es übel, wenn sie wie Maschinen behandelt werden. Würde Ihnen doch auch so gehen, nicht wahr? Bei allen sachlichen Problemen der Nachfolge muss man sachlich bleiben: Verträge, Rechte, Pflichten, Finanzen, Steuern und so weiter.

Aber genauso professionell und mit ebenso professionellen Hilfsmitteln muss man auch die emotionale Seite angehen. Sachliches muss sachlich, Emotionales emotional bewältigt werden. Wenn der Alte kocht, wenn der Junge wütend ist, dann muss das auf den Tisch! Das wird nicht dadurch besser, dass man es verschweigt und untern Teppich kehrt und „sachlich-nüchtern“ tut. Der Psychologe nennt das übrigens Verdrängung; Zeichen für eine neurotische Störung.

Der Generationswechsel scheitert nie an finanziellen oder rechtlichen Problemen. Sondern immer an menschlichen. Man giftet sich solange versteckt oder offen an, bis das böse Blut alles verseucht hat. Deshalb ist bei der Nachfolge nicht der Rechtsanwalt der wichtigste Berater, sondern ein professioneller Moderator.

Die Mutter muss es richten

Der Junior eines Familienunternehmers erzählt: „Wir haben uns nicht mal mehr gegrüßt, bis Mutter uns an einen Tisch zusammenzwang, diesen Moderator dazusetzte und sagte: ‚Keiner steht hier auf, bevor nicht alles geklärt ist.'"

Das professionell moderierte Gewitter hat die Luft gereinigt. Seit man sich ausgesprochen hat, hat sich das Klima um 100 Prozent verbessert. Jetzt packt man die gemeinsamen Probleme auch wieder gemeinsam an.

Wenn es etwas zu bereden gibt, muss man darüber reden – und einen dabei haben, der dafür sorgt, dass man sich nicht gegenseitig an die Gurgel geht, sondern konstruktiv miteinander redet. Dafür sind Moderatoren da. In vielen Firmen übernimmt die Moderation zum Beispiel der langjährige Vertraute des Firmenchefs, der auch den Junior herangezogen hat. Fehlt dieser Vertraute, kann man sich kompetente externe Moderatoren ins Haus holen. Einige sind gerade auf die Nachfolgefrage spezialisiert.

3. „Die junge Generation sollte Verständnis für die abtretende Generation aufbringen."

Schön wär's. Was passiert, wenn man auf solche Ratschläge hört? Man wartet, dass die junge Generation endlich das nötige Verständnis aufbringt und wartet, und wartet, und... Es passiert nichts.

Die Jungen haben nun mal andere Werte, Ziele und Ideen als die Alten. Der Junge ist eben nicht zu 100 Prozent das Abbild seines Vaters. Und nichts auf der Welt kann ihn dazu machen. Der Vater des Seniors war damals auch nicht mit allem einverstanden, was der Senior tat. Und trotzdem ist etwas aus ihm geworden, oder? Auch wenn er noch nicht perfekt ist: Der Junge wird sich entwickeln – wie es der Alte auch tat.

Der Junge spielt verrückt

Ein Problem taucht auf, wenn der Junge den Tabula-rasa-Koller bekommt und alles im Betrieb umkrempelt, kaum dass er die Nase zur Tür hereingesteckt hat. In dieser Situation sagen viele Senioren: „Was soll das ganze neumodische Zeugs? Er sollte lieber mehr Verständnis für das haben, was sich seit Jahren bewährt hat." Das stimmt.

Der Junior vergaloppiert sich vielleicht gerade wirklich. Aber die Forderung des Seniors nach Verständnis löst nichts an dem Problem. Im Gegenteil, sie macht alles nur noch schlimmer. Der Junge schottet völlig ab. Verständnis ist ein emotionaler Faktor. Worum es aber hier geht, ist ein sachlicher Faktor; nämlich organisatorischer Sachverstand.

Und diesen kann man jetzt methodisch-nüchtern einbringen: „Ich möchte dir kurz sagen, wo ich was anders machen würde und du sagst mir dann bitte ehrlich, was du darüber denkst."

Damit eröffnet man zumindest die Chance auf eine sachliche Diskussion. Der Junior kann seine Pläne darlegen und möglicherweise zurückstecken, wenn er erkennt, welche Konsequenzen sie haben. Die Forderung nach Verständnis dagegen löst immer nur eine emotionale Konfrontation aus.

Wie immer gilt: Wenn das Klima schon so verdorben ist, dass man gar nicht mehr sachlich miteinander reden kann, sollte man einen neutralen Dritten oder am besten gleich einen professionellen Moderator hinzuziehen. Die Großkonzerne machen das seit Jahren regelmäßig bei strategischen Fragen.

4. „Man muss den Übergang wie ein Projekt planen."

Völlig richtig, völlig falsch. Alle sachlichen Aspekte muss man selbstverständlich wie jedes andere Projekt auch planen. Aber das ist nicht das Problem beim Übergang. Ist es nie gewesen.

Viele Rechtsanwälte, die sich auf Unternehmensnachfolge spezialisiert haben, klagen: „Die Rechtsfragen sind relativ schnell geklärt. Das eigentliche Hindernis ist das Menschliche." Das Menschliche ist es, worüber sich auch meine Klienten am häufigsten beklagen:

- „Ist meine Tochter bloß in einer Trotzphase gegen mich oder führt sie nachher den Betrieb auch so?"
- „Ich glaube, dass er einfach noch nicht reif dafür ist und ich weiß nicht, ob er's je wird."
- „Ich werde doch mein Lebenswerk nicht einer unverantwortlichen jungen Frau anvertrauen, die außer der Uni noch nichts erlebt hat!"
- „Ihm fehlt sowieso die ganze emotionale Bindung an die Firma, wie ich sie habe. Da ist kein Herzblut bei ihm drin."

Deshalb plant auch kaum ein Seniorchef seine Nachfolge „frühzeitig". Weil die ganze menschliche Seite ungeklärt ist. Erst wenn die menschliche Seite klar ist, kann man alles andere planen. Alle Unternehmensnachfolgen, die erfolgreich verliefen, gingen von klaren menschlichen Verhältnissen aus. Das waren sie so gut wie nie von Anfang an. Sie klären sich erst mit der Zeit – wenn man sie klären will.

Was ist Ihnen wichtig?

Der Seniorchef, der sich fragte, ob sein Sohn jemals reif für die Übernahme sei, stellte sich diese Frage schon seit Jahren. Als er damit endlich zu einem Berater ging, fragte ihn dieser: „Was ist Ihnen wichtiger: der Fortbestand des Unternehmens oder die Familientradition?“

Das war der springende Punkt. Der Senior wollte beides nicht voneinander trennen. Deshalb antwortete er: „Ja, schon, aber wenn der Junge sich dann doch noch berappelt, dann wäre es doch schön, wenn er und nicht irgendein Fremder die Firma weiterführen könntc.“

Der Coach ließ nicht locker, weil genau das immer die entscheidende Frage ist: „Okay, wir können immer noch später klären, was später passiert. Aber was ist Ihnen hier und heute wichtiger?“

Nach zehn Minuten zähen Ringens rang sich der Senior dazu durch: „Also, wenn es denn sein soll... der Unternehmensbestand. Meine Verantwortung gegenüber meinen Mitarbeitern und ihren Familien ist größer als die gegenüber meinem Sohn.“

Und mit einem Schlag fiel ihm ein Riesenstein vom Herzen. Kaum hatte er sich Klarheit in seinem Herzen verschafft, fiel ihm die Wahl, die ihn seit zehn Jahren quälte, plötzlich leicht.

Die Würfel sind gefallen

Jetzt war der Sohn plötzlich kein Privilegierter mehr, der um jeden Preis bedacht werden musste, sondern ein Geschäftsführungskandidat wie jeder andere auch. Und sofort konnte der Senior alle anderen Fragen planen, weil die menschliche Frage geklärt war.

Die Sohn-Frage und die Geschäftsführungsfrage, die vorher nie gelöst werden konnten, weil sie nicht voneinander getrennt wurden, waren voneinander getrennt und damit beide gelöst. Für das Unternehmen wurde endlich die Geschäftsführung ausgeschrieben und der Sohn bekam die faire Chance, sich um den Posten zu bewerben. Worüber er sogar erfreut war.

„Ich wollte doch nicht aufgrund von Patronage den Posten“, verriet er mir später. „Ich wollte beweisen, dass ich es mit jedem anderen aufnehmen kann.“ Und mit dieser Einstellung konnte er es auch.

Fazit

Was wir aus der Entzauberung dieser vier Mythen – es gibt noch viele andere – mit nach Hause nehmen, sind drei Dinge. Erstens, viele Ratschläge zur Unternehmensnachfolge sind zwar gut gemeint, doch der schlimmste Feind von gut ist gut gemeint.

Zweitens kann keine Nachfolge gelingen, die nicht zuerst die menschlichen Fragen klärt. Und drittens braucht man zur Klärung derselben oft einen Dritten, der einem weiterhilft, wenn man sich schon so verrannt hat, dass man aus eigener Kraft nicht mehr aus der Zank-Sackgasse herausfindet.

Ob dieser Dritte ein alter Vertrauter ist, der von Junior, Senior und Mitarbeitern gleichermaßen respektiert wird, ob es ein erfahrener Rechtsanwalt ist, dem das Menschliche nicht fremd ist, ob es die Ehefrau des Seniors ist oder andere, unbeteiligte Geschwister oder ob es ein professioneller Coach, Moderator oder Prozessbegleiter ist, der ständig nichts anderes tut, als die menschliche Seite von Nachfolgen ins Lot zu bringen – das ist eigentlich nicht so wichtig.

Es ist nicht wichtig, welcher unbefangene Dritte sich als Schlichter im Streit der hochgehenden Emotionen betätigt. Es ist viel wichtiger, dass dieser Dritte überhaupt gerufen wird. Denn ohne ihn wird es sehr schwer, aus dem wirren Gestrüpp der Emotionen herauszufinden.

„Neinsagen ist schwieriger als Jasagen."
Norbert Klein, Unternehmer

5 Sagen Sie Nein!

Wir sind alle überlastet

Neulich erzählte mir ein Manager: „Ich habe derzeit rund 30 Baustellen, weiß aber genau, dass ich eigentlich nur 20 bewältigen kann. Und jede Woche kommt der Chef mit neuen Ideen! Wie soll ich denn das alles schaffen?" Wer hätte sich das nicht auch schon gefragt? Dabei ist das, mit Verlaub, eine saudumme Frage.

Oder kennen Sie einen, der exakt so viel Arbeit hat, wie er/sie bewältigen kann? Wir sind doch alle mit Arbeit überladen! Schon lange! Ach ja? Und warum ist uns dann noch nichts dagegen eingefallen?

Der Kapitalismus frisst seine Kinder

Die Kündigungsorgien der letzten Jahre zeigen Wirkung. In vielen Unternehmen ist die Personaldecke inzwischen so dünn, dass ein Mitarbeiter oder Manager die Arbeit von ehemals zweien bewältigen muss. Viele Firmen scheinen nach dem Galeeren-Prinzip Personalpolitik zu betreiben: Man peitscht die Belegschaft zu Höchstleistungen, bis sie tot von der Ruderbank fällt – dann wirft man sie über Bord. Haben Sie manchmal den Eindruck, auf so einer Galeere zu sitzen?

Holzwege

Die meisten Beschäftigten fühlen sich zumindest zeitweilig überlastet. Was tun sie dagegen?

- Sie klagen dem Chef: „Wie soll ich das denn noch unterbringen? Ich bin doch schon jetzt überlastet!“ Nützt das was? Selten. Chefs lassen sich davon nicht beeindrucken. Im Gegenteil. Oft genug kommentieren sie zynisch: „Dann müssen Sie sich eben besser organisieren!“
- Viele klagen Kollegen und der Familie: „Der Job frisst mich noch auf!“ Das erleichtert zwar, aber verhindert nicht die nächste Überlastung.
- Einige wenige Mutige fauchen den Chef an: „Was soll ich denn noch alles erledigen? Der Tag hat nur 24 Stunden.“ Danach fühlt man sich erst einmal erleichtert – bis der Chef den Mund aufmacht und zurückschlägt.
- Die meisten verlieren nach zu langer oder zu heftiger Überlastung den Spaß an der Arbeit und holen ihn sich immer stärker in der Freizeit.
- Mehr als die Hälfte der Betroffenen lässt Aufgaben liegen in der Hoffnung, dass der Chef es nicht merkt. Andere schlampen einfach, weil keine Zeit ist für gewissenhafte Arbeit. Nachteil: Irgendwann kommt es immer raus. Außerdem verliert man so leicht die letzte Lust bei der Arbeit.
- Besonders Verzweifelte oder Perfektionistische versuchen die Workload doch noch irgendwie zu schaffen, reiben sich dabei auf und kassieren auch noch Undank dafür, wenn sie vor lauter Überlastung Fehler machen.
- Sehr viele werden krank. Die psychosomatischen Reaktionen auf Überlastung sind Legion.

Sie hätten gleich bei mehreren Holzwegen Ihr Kreuzchen gemacht? Gemach, das ist alles nicht so wild. Sie sind auch nur ein Mensch und haben das Recht, unter Druck Holzwege zu beschreiten. Vor allem, weil uns niemand beigebracht hat, mit Overload-Situationen umzugehen.

Was können Sie tun?

Was will man schon machen? Man kann eben nicht Nein sagen, wenn der Chef etwas von einem will. „Ich ruiniere mir doch nicht meine Karriere", sagen viele. Andere meinen: „Ich will meinen Arbeitsplatz nicht gefährden." Dafür ruinieren sie dann die eigene Gesundheit und gefährden ihre Lebensträume. Auch deshalb sagen so viele Menschen: „Spaß macht die Arbeit keinen mehr." Wie kommt der Spaß wieder?

Achtsamkeit statt Verdrängung

Wie fühlen Sie sich, wenn Sie bis oben hin zu sind und der Chef mit noch einem Auftrag kommt? Wütend, frustriert, ohnmächtig ... Aber was will man schon machen? So ist Business eben. Genau da liegt der Fehler. Belastend wirkt eine Überlastungssituation nämlich nicht dadurch, dass wir faktisch überlastet sind, sondern dass wir emotional unseren Gefühlen der Überlastung nicht gerecht werden. Wir kehren sie unter den Teppich. Das nennt man Verdrängung.

Diese subjektive Verdrängung – nicht die objektive Überlastung! – ist schuld an Ihren Gefühlen der Überforderung und an psychosomatischen Beschwerden.

Daher mein Rat: Wenn der Chef mit noch einer Baustelle kommt, fragen Sie sich gleich:

- Was löst das bei mir aus?
- Wie fühle ich mich jetzt?

Lassen Sie diese – zugegeben unangenehmen – Gefühle zu. Bleiben Sie bei diesen Empfindungen. Verdrängen Sie sie nicht. Die Wirkung setzt augenblicklich ein: Sie werden schon nach wenigen Augenblicken des Aushaltens der Gefühle spüren, wie sich die Verkrampfung in Körper und Seele löst und wie Ihr Kopf wieder frei wird für konstruktive Lösungen. Frustration und Hilflosigkeit verschwinden, sobald Sie Ihre Aufmerksamkeit darauf lenken.

Warum das so ist? Weil Gefühle zum Fühlen da sind – nicht zum Verdrängen. Sie quälen nur so lange, solange wir sie verdrängen. Nehmen Sie sie zur Kenntnis, verlieren sie an Wirkung, weil sie ihren Zweck erfüllt haben.

Wenn das so einfach ist ...

... warum sind Sie da nicht früher drauf gekommen? Weil wir seit frühester Kindheit gelernt haben, in Abhängigkeit zu leben, uns mit Autoritäten zu arrangieren. Wir kuschen, bevor wir denken. Wir folgen dem Führer, bevor wir auf unsere eigenen Gefühle hören. Das ist nicht schlimm, das ist nur menschlich.

Besser gesagt: Es ist kindisch. Denn der in der Kindheit erworbene Reflex taugt nur (bedingt) in der Kindheit was. Tatsächlich finden es alle intelligenten Autoritäten, Vorgesetzte und Obrigkeiten äußerst lästig, Mitarbeiter zu haben, die nicht selbstständig denken können, sondern wie's Vieh hinterher trotten. Nicht umsonst fordern Vorgesetzte seit Jahren den mitdenkenden Mitarbeiter (und kriegen ihn nicht, weil sie den Kindheits-Nachfolgereflex nicht knacken können).

Deshalb fällt es auch so leicht, die Verdrängung zu stoppen: Der Reflex ist so kindisch, dass er der gereiften Vernunft eines erwachsenen Verstandes nicht lang standhalten kann. Nicht länger als ein paar Sekunden. Wenn Ihnen der Chef also mal wieder mit Zusatzarbeit kommt,

- registrieren Sie Ihren ersten Verdrängungsimpuls.
- machen Sie ihn sich bewusst (das schaltet ihn ab).
- stehen Sie zu Ihren Gefühlen.
- und erleben Sie die befreiende Wirkung der Achtsamkeit.

Es wird immer wieder behauptet, dass diese Übung nur für Frauen geeignet sei. Weil Männer panische Angst vor Gefühlen hätten und Meister der Verdrängung seien. Das ist ein alter Emanzenmythos. Ich habe noch keinen Mann erlebt, der an dieser Übung gescheitert wäre. Mann muss nur wollen ...

Bitten Sie sich Bedenkzeit aus

Nachdem Sie sich Ihrer Gefühle bewusst geworden sind, fragen Sie den Chef, warum und wozu er die Aufgabe braucht, die er Ihnen aufdrücken möchte. Das reduziert Ihre gefühlte Überlastung noch stärker. Denn dabei erkennen Sie in der Regel, dass der Chef kein übelwollender Sklaventreiber ist, sondern seine Idee im Großen und Ganzen gar nicht so dumm ist.

Manchmal müssen Sie dem Chef das Warum und Wozu der Aufgabe aus der Nase ziehen, weil er nicht besonders gut reflektiert und artikuliert ist. Das heißt, er weiß zwar, was er will, kann aber nicht auf Anhieb einleuchtend erklären, warum.

Denken Sie deshalb nicht schlecht über Ihren Chef. Er ist einfach nie angemessen weiterqualifiziert worden. Er ist bestimmt top fachkompetent, hat aber bei der Führungskompetenz Lücken, die niemand bislang für stopfenswert gehalten hat.

Wenn Sie endlich herausgefunden haben, wozu er das will, was er will, signalisieren Sie ihm erst einmal Akzeptanz und Wohlwollen: „Eine gute Idee. Ich will mal ausknobeln, wie ich die Aufgabe unterbringen kann. Ich melde mich wieder bei Ihnen.“ Merken Sie was? Kein spontaner Widerspruch à la „Aber wie soll ich das denn noch unterbringen?“

Widerspruch eskaliert die Situation nur unnötig. Auch eine spontane Zusage in der Form „Ja, mache ich schon irgendwie!“ ist schädlich. Denn sie wird den Chef zu der irrigen Annahme verleiten, dass er Ihnen noch mehr Aufgaben delegieren kann, weil Sie das alles ja so gut wegstecken.

Muss der Chef nicht selber merken, dass Sie überlastet sind?

Nein. Wenn Sie das von ihm erwarten, liegt das Problem bei Ihnen, nicht bei ihm. Dann sind Sie möglicherweise Opfer des Big-Papa-Syndroms geworden. Die Erwartung, dass der Chef schon merkt, wann er Sie überlastet, ist eine unrealistische Erwartung. Denn der Chef ist nicht der liebe Gott oder der große Übervater. Der Chef ist auch nur ein Mensch, der nicht Gedanken lesen kann und der sich Ihnen gegenüber zu keinerlei Fürsorglichkeit verpflichtet fühlt. Das ist hart. Aber so ist das Leben in unseren unzivilisierten Zeiten nun mal. Das passt Ihnen und mir nicht. Aber sollen wir es deshalb ignorieren?

Was hält Sie noch davon ab, um Bedenkzeit zu bitten? Karrieregeilheit, möglicherweise. Damit keine Missverständnisse entstehen: Ich halte Lust auf Karriere für eine schöne Sache. Doch bedenken Sie eines: Karriere machen nicht die notorischen Jasager. Sonst müssten 90 Prozent vom Topmanagement Frauen sein. Denn die trauen sich noch viel weniger als Männer, Nein zu sagen. Karriere machen nur jene Menschen, die ihr Ding durchziehen – und nicht rückwärts umfallen, sobald der Chef wieder mit einer halbgaren Idee ankommt!

Was ist, wenn der Chef eine dumme Idee hat?

Das ist das beste, was Ihnen passieren kann. Denn eine dumme Idee lässt sich leichter verwerfen als eine gute. Aber nicht so: „Das haben wir doch alles schon probiert. Das hat doch damals schon nicht funktioniert! Wozu soll das denn gut sein?“ So sagen nur Dummköpfe ihren Chefs Nein.

Der intelligente Mensch bringt seine Bedenken in Frageform vor und schickt prinzipielle Zustimmung voraus:

- „Eine gute Idee. Soweit ich mich erinnere, haben wir das schon mal versucht. Was möchten Sie diesmal anders haben, damit es klappt?“
- „Die Aufgabe ist mir im Prinzip klar. Was mir im Detail unklar ist: ... ?“
- „Eine klar umrissene Aufgabe. Helfen Sie mir, einige Randfragen zu klären, die sich mir spontan stellen: ... ?“
- „Daran habe ich auch schon gedacht. Wie sieht es mit dem Budget aus?“

Ein intelligenter Mensch formuliert einen Einwand nicht als Absage oder Vorwurf, sondern als vorwurfsfreie Frage. Der Ton macht die Musik.

Sie möchten aber nicht jedes Wort dreimal im Munde umdrehen, wenn Sie mit dem Chef reden? Das sollen Sie auch nicht. Nicht immer. Aber immer dann, wenn Sie ihm eine Furzidee ausreden möchten.

Erwarten Sie übrigens eine schockierende Nebenwirkung der vorwurfsfreien Einwandsbehandlung: Der Chef will mehr! Viele Coachees berichten mir, dass ihr Chef zu ihnen Dinge sagte wie: „Ich diskutiere neue Konzepte am liebsten mit Ihnen. Sie mosern nicht unqualifiziert rum, sondern stellen intelligente Fragen!“

Trotzdem: Wenn Sie derart auf Ihren Chef eingehen, dann demonstrieren Sie doch wohl größere KoKo (Kommunikationskompetenz) als er! Das ist doch ungerecht! Das geht doch nicht an! Der Chef verdient viel mehr, also muss er doch auch besser kommunizieren können. Haha. Selten so gelacht. Wenn das stimmt, dann falten Zitronenfalter wohl Zitronen.

Es ist toll, wenn Sie einen Chef haben, der fit in Führungskommunikation ist. Sie haben einen? Meinen Glückwunsch. Sie haben keinen? Dann führen Sie ihn. Von unten. Das ist manchmal etwas unangenehm. Aber tausendmal unangenehmer ist es, sich von einem inkompetenten Chef mit Aufgaben zuschütten zu lassen.

Setzen Sie Ihre Prioritäten neu

Nachdem Sie sich Bedenkzeit ausgebeten haben, ziehen Sie sich in Ihr stilles Kämmerlein zurück. Listen Sie Ihre aktuelle Workload nach Prioritäten auf. Dann fragen Sie sich: Was davon könnte ich

- ganz streichen?
- delegieren?
- kürzen, abspecken?
- aufschieben?
- stillschweigend liegenlassen?
- eigentlich jetzt schon als Beta-Version abgeben?
- in der vorliegenden Fassung abgeben und erst dann nachbessern, wenn der Abnehmer das (wenn überhaupt) möchte?

Das sind soul searching questions, wie der Amerikaner sagt. Denn oft genug entdecken wir dabei unseren eigenen Perfektionismus, wie er Aufgaben unnötig aufbläht. Oder Steckenpferdprojekte, die nur wir für wichtig erachten.

> Wer überlastet ist, arbeitet zu viel und denkt zu wenig über die Arbeit nach.

Dieses Nachsinnen über die eigene Arbeit ist selbst für Führungskräfte ungewohnt: Wir arbeiten zur Abwechslung mal nicht, sondern denken über die Arbeit nach. Das ist eine komische Tätigkeit – aber in Überlastungssituationen der kleine Unterschied zwischen Überlastung und Gelassenheit.

Es gibt immer was zu kürzen

Je mehr Aufgaben Sie haben, desto mehr Aufgaben gibt es, die Sie weglassen oder kürzen können. Streichen, delegieren, kürzen, verschieben und geben Sie ab, was nur irgend möglich ist – und erledigen Sie den Rest nicht perfekt, sondern vernünftig.

Zugegeben, es kostet am Anfang etwas Überwindung, liebgewonnene Aufgaben zu streichen, zu kürzen oder Projekte auch mal unperfekt abzugeben. Wenn Sie sich nicht dazu überwinden können, stellen Sie sich die Frage: Worunter leide ich stärker? Unter meiner Überlastung? Oder wenn ich eine Aufgabe auch mal als 80%-Lösung abgebe? Egal wie Ihre Antwort ausfällt, Ihre Überlastung wird spürbar zurückgehen.

Reden Sie mit dem Chef

Nachdem Sie neu priorisiert haben, sollten Sie die neue Priorisierung Ihrem Chef mitteilen. Zeigen Sie ihm, welchen Preis er für die zusätzliche Baustelle bezahlen muss. Das ist der Grund, warum viele Chefs ihre Mitarbeiter mit Aufgaben zumüllen: Die Mitarbeiter nennen ihnen nie den Preis dafür!

Die Crux dabei ist die Formulierung. „Wenn ich das auch noch mache, dann schaffe ich Projekt X nicht.“ Was sagt darauf der Chef? „Das müssen Sie aber! Sie müssen beide Aufgaben schaffen!“ Warum? Weil der Chef doof ist? Nein, weil die Formulierung falsch war: Sie setzt dem Chef das Messer auf die Brust. Das ist ziemlich gewalttätig. Und unklug. Denn der Chef hat den längeren Hebel.

Gewaltfrei mit dem Chef reden

Wenn Sie dem Chef den Preis für seine Zusatzbaustelle nennen, tun Sie das nach den Grundsätzen der gewaltfreien Kommunikation; zum Beispiel so: „Ich verstehe, dass Ihnen das Projekt wichtig ist. (Diese Parteinahme für den Chef nimmt ihm gleich mal den Wind aus den Segeln und die Lust auf Widerspruch). Ich werde mich auch voll reinhängen und trotzdem versuchen, alle meine anderen Aufgaben zu Ihrer Zufriedenheit zu erledigen. (Dadurch vermeiden Sie das Messer: Entweder die neue Aufgabe oder die alte!). Ganz wird das nicht funktionieren, weil ich schon jetzt zeitlich sehr angespannt bin. Deshalb würde ich gerne folgende Aufgaben zurückstellen (kürzen, delegieren, streichen)." Wie reagieren Chefs auf dieses Angebot?

Die Reaktion des Chefs

Konfrontiert man Vorgesetzte mit dem Preis ihrer Wünsche, reagieren sie meist auf eine von zwei Arten:

A) Sie machen einen (teilweisen) Rückzieher, weil ihnen jetzt zum ersten Mal jemand sagt, dass ihr Wunsch konkrete Kosten hat: „Was? Sie stellen Projekt X deshalb zurück? Das möchte ich nicht. Greifen wir die Idee wieder auf, wenn Projekt X abgeschlossen ist." Oder sie sagen: „Ganz so aufwändig müssen Sie meine Idee nicht behandeln."

B) Sie segnen Ihre Neupriorisierung ab: „Wenn es nicht anders geht, dann lassen Sie eben Projekt X weg. Das ist jetzt nicht mehr so wichtig."

In beiden Fällen gewinnen Sie. Manchmal müssen Sie mit dem Chef etwas verhandeln, wenn er Sie bei Ihren Streichkandidaten herunterhandeln möchte. Aber selbst wenn er das tut, stehen Sie nachher besser da, als wenn Sie nicht verhandeln.

Ist das nicht ein umständliches Verfahren, mit dem Chef umzugehen? Am Anfang: Ja. Doch schon nach dem ersten Versuch berichten mit Coachees: „Das ist eine ganz neue Art, mit dem Chef zu reden! Und er spricht super darauf an!“

Viele erzählen auch von einem unerwarteten Nebeneffekt: „Seit ich so mit dem Chef rede, merke ich immer mehr, dass er nicht die dumme Sau ist, für die ich ihn gehalten habe, und die uns mit Arbeit zumüllt. Er hat auch seine Gründe. Man muss nur vernünftig mit ihm reden.“ Das fällt nicht immer leicht. Doch es bringt immer was.

Sie trauen sich immer noch nicht?

Wie Sie bemerkt haben, ist es nicht wirklich schwierig, dem Chef Nein zu sagen. Warum machen es dann so wenige? Warum sind so viele statt dessen lieber überarbeitet? Weil uns an vielen Stellen des Neinsagens zu oft die Angst packt. Die Angst: „Oje, das kann ich dem Chef doch nicht sagen!“

Schämen Sie sich dieser Angst nicht. Sie ist menschlich. Sie ist normal. Und sie lässt sich ganz leicht überwinden, indem Sie wieder zur Achtsamkeit zurück gehen und sich fragen: „Wie fühle ich mich in der aktuellen Überlastung?“ Entweder kommt dabei heraus, dass

A) Ihre Überlastung schlimmer ist als Ihre Angst vorm Chef – dann motiviert Sie diese Erkenntnis automatisch zum Gespräch mit dem Chef.
B) Ihre Überlastung nicht so schlimm ist wie Ihre Angst vor dem Chef – dann können Sie Ihre Überlastung viel ent-

spannter und stressfreier bewältigen. Denn sie ist eindeutiger das kleinere Übel.

Meine Erfahrung aus Coaching und Training: Meistens tendieren Menschen zu Lösung A. Wenn wir uns bewusst machen, wie sehr wir unter der Überlastung leiden, finden wir auch den Mut, mit dem Chef zu verhandeln.

Was Sie davon haben

Mit etwas Übung, Training oder Coaching funktioniert das beschriebene Vorgehen tadellos. Und das sagen Menschen dazu, die es ausprobiert haben:

- „Ich hatte Angst, mein Weiterkommen zu gefährden, wenn ich auch mal Nein sage. Das Gegenteil ist der Fall. Der Chef respektiert mich jetzt stärker, weil ich ihm jeden Tag zeige, dass ich die Führungskommunikation beherrsche."
- „Ich hatte seit einem Jahr keine Grippe mehr. Das spricht für sich."
- „Ich habe genug zu tun – aber überlastet bin ich nicht mehr."
- „Ich habe einen viel besseren Überblick über meine Aufgaben."
- „Es reicht einfach nicht, seinen Job zu machen. Man muss auch die eigene Arbeitssteuerung übernehmen."
- „Ich hatte stillschweigend immer erwartet, dass der Chef mich nicht zu sehr überlastet. Jetzt übernehme ich die Verantwortung für meine Arbeitsbelastung selbst."
- „Ich habe mir überlegt, was ich vom Leben erwarte. Ich will auf keinen Fall, dass auf meinem Grabstein steht: Er

hat seinem Chef nie widersprochen und sich brav zu Tode gearbeitet.“

- „Warum hat mir das keiner schon früher gesagt?“
- „Ich bemitleide die Kolleginnen und Kollegen, die sich immer noch mit Arbeit zumüllen lassen.“

In diesem Sinne: Viel Spaß und Erfolg bei der Reduktion Ihrer Arbeitsbelastung und der Erhöhung Ihrer Effizienz!

„Manager sind Macher.
Führungskräfte lassen machen.“
Walter Grotz, Bereichsleiter

6 Führen, nicht Machen

Die Reichsbedenkenträger

„Ständig muss ich meine Mitarbeiter aufs Pferd heben. Von alleine machen die nichts.“
„Wenn ich denen sage, wie sie das anpacken sollen, sagen sie mir sofort, warum das nicht geht.“
„Ich habe zwanzig Reichsbedenkenträger unter mir. Die wissen einfach immer alles besser!“

Wie viel Rückdelegation erlauben Sie?

Die meisten Mitarbeiter sind in der Regel pflichtbewusst und zuverlässig. Doch nur die wenigsten entwickeln die nötige Eigeninitiative und engagieren sich so für ihre Aufgaben, wie ihre Führungskräfte das von ihnen erwarten. Der Rest denkt selten mit, arbeitet meist nur auf Anweisung und kommt ständig mit der kalten Rückdelegation angetrabt: „Ich hab da ein Problem ..."

Infolgedessen kommt man sich als Führungskraft an manchen Tagen wie der bessere Sachbearbeiter seiner Mitarbeiter vor. Ständig ist man am Anweisen, Ausbügeln, Anschieben und Lösen von Problemen, für die eigentlich die Mitarbeiter zuständig sind (und bezahlt werden!).

Zur eigenen Arbeit kommt eine Führungskraft deshalb oft nur noch nach Feierabend. Ein unhaltbarer Zustand.

Stopp dem Zeitklau

Mitarbeiter zum selbstständigen Denken zu erziehen ist im Grunde verblüffend einfach. An den Türen jener Führungskräfte, die überdurchschnittlich engagierte und mitdenkende Mitarbeiter haben, finden Sie oft Türschilder mit Fragen wie:

- „Haben Sie eine Lösung für das Problem oder sind Sie Teil des Problems?“
- „Bringen Sie mir ein Problem oder eine Lösung?“

Kaum zu glauben, doch mit diesen einfachen Mitteln lässt sich die kalte Rückdelegation um 70 bis 90 Prozent reduzieren. Vor allem, wenn der betreffende Vorgesetzte diese Sprüche auch immer wieder – vorwurfsfrei, nicht-ironisch, ganz sachlich – in seine verbale Führungskommunikation in Meetings oder 4-Augen-Gesprächen einfließen lässt. Dann lernen die Mitarbeiter irgendwann (meist nach wenigen Wochen): Der Chef mag es nicht, wenn man ihm Probleme aufhalst – aber Lösungen hört er sich gerne an.

Wer fremde Probleme löst, löst keine

Natürlich ist es nicht das Türschild, das den mitdenkenden Mitarbeiter macht. Es ist das Führungsprinzip, das dahintersteht: Jeder hat die Mitarbeiter, die er sich erzieht.

Wer bereitwillig jedes Problem löst, das die Mitarbeiter anschleppen, erzieht sie dazu, gleich danach das nächste Problem anzuschleppen.

Denn der Mitarbeiter lernt daraus: Ich muss meine Probleme nicht selbst lösen. Der Chef löst sie für mich. Wer dagegen ein Schild an die Tür nagelt und den Spruch auf dem Schild immer wieder erwähnt, macht selbst dem hartnäckigsten Rückdelegierer irgendwann klar: Mit mir nicht, mein Lieber! Versuch deine Probleme erst mal selbst zu lösen, bevor du meine Zeit klaust – danach kannst du ja immer noch zu mir kommen (was meist nicht mehr nötig ist).

Den Chef-Reflex abschalten

Wenn das so einfach ist – warum fällt es dann so vielen Führungskräften so schwer? Warum beklagen sich viele Führungskräfte lieber über ihre unselbstständigen Mitarbeiter, als sie zur Selbstständigkeit zu erziehen? Weil die Versuchung groß ist, auf die Rückdelegation des Mitarbeiters hereinzufallen.

Die größte Versuchung ist der Chef-Reflex: „Chef, ich habe da ein Problem ... “ „Ach was, das müssen Sie einfach so und so machen.“ Danach beißt man sich auf die Zunge: Schon wieder reingefallen, schon wieder in die Führungsfalle getappt. Der Mitarbeiter hat es tatsächlich geschafft und wieder Arbeit und Verantwortung für eine seiner Aufgaben abgeschoben.

Unbewusstes bewusst machen

Wenn Sie selbstständig(er) denkende Mitarbeiter möchten – nicht jede(r) möchte das – sollten Sie zuerst den Chef-Reflex in den Griff bekommen. Sie haben ihn schon halb im Griff, wenn Sie sich nur bewusst machen, dass es überhaupt so etwas gibt. Das Abschalten an sich ist herzlich einfach (sonst würde es nicht funktionieren):

> Wenn ein Mitarbeiter etwas von Ihnen will, geben Sie es ihm zunächst nicht.

Die Amerikaner sagen: You gotta be cruel to be kind – manchmal muss man hart sein, will man helfen. Falls es hilft, sagen Sie sich: „Stopp, Moment erst noch. Nicht lösen, sondern lösen lassen." Die meisten Führungskräfte berichten (ihren Coaches), dass sie den Chef-Reflex binnen weniger Wochen im Griff hatten. Einige haben ihn auch schon nach einigen Tagen unter Kontrolle. Das sind jene, deren Mitarbeiter heftig rückdelegieren und die deshalb schon an einem einzigen Tag die Trainingsgelegenheiten haben, die andere Führungskräfte in einer ganzen Woche erleben.

Entscheiden Sie: Rückdelegation oder echtes Problem?

Hat der Mitarbeiter ein echtes Problem, das er Ihrer realistischen Einschätzung nach (nicht Ihrem Helferkomplex nach!) nicht selbst lösen kann, dann geben Sie Ihrem Reflex nach und helfen Sie ihm umgehend. Das Gemeine ist nur: 90 Prozent aller Mitarbeiteranfragen sind keine echten Probleme, sondern kalte Rückdelegationsversuche. Die meisten Mitarbeiter machen das übrigens nicht vorsätzlich, sondern einfach nur aus Bequemlichkeit: Warum selber arbeiten oder denken, wenn der Chef das für einen macht, sobald man ihn bloß anstupst?

Die meisten Mitarbeiter könnten ihre Probleme gut und gerne selber lösen – aber warum sollten sie sich die Zeit nehmen und die Mühe machen, wenn Sie sich Ihre Zeit stehlen lassen und sich die Mühe machen? Der Mitarbeiter denkt rational und ökonomisch: Machen lassen ist besser als selber machen.

Eigentlich sollte so die Führungskraft denken ...

Wählen Sie: Investition oder Quick Fix

Kann der Mitarbeiter das Problem tatsächlich selber lösen, dann können Sie wählen. Entweder Sie sagen dem Mitarbeiter in einer Minute, wo's langgeht und verlieren dafür in der nahen Zukunft hundertmal eine Minute, weil der falsch erzogene Mitarbeiter ständig wiederkommt.

Oder Sie nehmen sich fünf Minuten Zeit, um dem Mitarbeiter zu beweisen, dass er Probleme dieser Größenordnung gut und gerne selber lösen kann und sparen dafür später hundertmal eine Minute. Es gibt tatsächlich Führungskräfte, die nicht zu dieser fünfminütigen Investition in ihre eigene Arbeitszufriedenheit bereit sind: „Bis ich dem die Lösung aus der Nase gezogen habe, habe ich das Problem längst selbst gelöst!" Das stimmt, ist aber leider irrelevant.

Die Frage ist nicht, ob die schnelle Lösung schneller ist. Die Frage ist, ob die schnelle Lösung besser ist. Wenn Sie selbständig denkende Mitarbeiter wollen, sicher nicht.

Wählen Sie: Bevormundung oder Führung

Es gibt noch eine weitere Versuchung, vom rechten Weg abzukommen und geradewegs in die Führungsfalle zu tappen: „Warum soll ich dem Mitarbeiter nicht sagen, wo's langgeht, wenn er es nicht weiß und ich es weiß?" Das ist die große Kompetenz-Versuchung, die zarteste Versuchung, seit es Führung gibt. Denn:

„Das ist doch grausam, dem Mitarbeiter die Lösung aus der Nase zu ziehen wenn ich sie längst weiß." Was würden Sie von einem Lehrer halten, der den Dreisatz selber ausrechnet, bloß weil er ihn kann? Welcher Schüler lernt so rechnen? Wer einem Mitarbeiter die Lösung eines Problems verrät, auf die er gut und gerne selber hätte kommen können, ist der eigentlich Grausame. Denn er betrügt den Mitarbeiter um die Chance, es künftig besser zu machen, etwas hinzuzulernen, selber Probleme lösen zu lernen. Und er betrügt sich selbst um einen Riesenzeitgewinn in der Zukunft.

Handeln Sie mit Fischen oder mit Angeln?

Das Ganze lässt sich fast mit der Entwicklungshilfe vergleichen. Was ist besser? Den Leuten Fische zum Essen zu geben oder eine Angel, damit sie lernen, sich selbst zu ernähren? Falls Sie sich für die Angel entscheiden: Wird es Ihnen der Mitarbeiter danken? Nein, zunächst nicht:

„Chef, ich habe da ein Problem." Ein erfahrener Chef fällt auf solche plumpen Rückdelegationsversuche nicht mehr herein: „Was schwebt Ihnen denn so als Lösung vor?"
„Wenn ich das wüsste, müsste ich Sie nicht fragen."
Merke: Der hartnäckige Rückdelegierer wehrt sich nach Kräften, wenn Sie ihm die Angel in die Hand drücken. Denn selber Angeln bedeutet Arbeit. Diese versucht jeder rational denkende Mensch zu vermeiden und auf den Chef abzuwälzen – wenn der das mit sich machen lässt. Viele Führungskräfte heißen auch bloß so, weil sie sich so schön führen lassen von ihren Mitarbeitern ...

Bestehen Sie auf die Angel

Viele Chefs fallen prompt drauf rein, wenn der Mitarbeiter die Angel ablehnt: „Okay, dann geben Sie halt mal her!". Tun Sie's nicht. Bestehen Sie auf die Angel. Dafür gibt es je nach Situation und Mitarbeiter verschiedene Varianten:

- „Tut mir leid, ich kenne die Lösung auch nicht – Sie stecken tiefer in der Materie als ich." Das funktioniert natürlich nur, wenn es tatsächlich stimmt.
- „Ich kenne die Lösung – aber eigentlich sollten Sie darauf kommen!" Direkte Rückdelegation der Rückdelegation, etwas beziehungsgefährlich und deshalb pädagogisch nicht immer sinnvoll.
- „Wenn ich nicht da wäre, was würden Sie dann versuchen? Wen würden Sie fragen?" Das ist die pädagogisch wirksame Hilfe zur Selbsthilfe.

Das Schöne daran: Wenn Sie nur hartnäckig genug die Angel verkaufen, löst der Mitarbeiter seine Probleme auch irgendwann selbst. Nicht nur dieses Mal, sondern auch die nächsten Male.

Optimieren Sie die Lösung

Sobald der Mitarbeiter anfängt, selbst zu denken, müssen Sie seine Lösung nur noch coachend optimieren, mit Prozessfragen wie:

- Ist das die beste Lösung?
- Welche Alternativen gibt es?
- Was brauchen Sie für die Lösung?
- Rechtfertigt das Ergebnis den Aufwand?
- Wer könnte Einwände erheben?
- Welche Hindernisse erwarten Sie?
- Ist die Lösung realistisch?
- Bis wann wollen Sie's machen?

Man sieht hier sehr schön: Wer fragt, der führt. Wer anweist, löst (vielleicht). Aber er führt nicht und er erzieht ganz sicher zur Unselbständigkeit (die er nachher lauthals beklagt: „Mit diesen Mitarbeitern ...!“).

Lassen Sie die Zügel locker

Hat der Mitarbeiter eine Lösung gefunden, die nicht Ihrer Wunschlösung entspricht? Wunderbar, dann haben Sie ihn wirklich zum selbstständigen Denken geführt.

> Zweitbeste Lösungen, die vom Mitarbeiter kommen, funktionieren besser als beste Lösungen, die vom Chef kommen.

Logisch, der Mitarbeiter hängt sich für eigene Ideen stärker rein. Für eigene Ideen hängt man sich immer stärker rein, weshalb die Ergebnisse besser sind als bei fremden Lösungen. Die Frage ist nur, ob Ihnen das Ergebnis wichtiger ist, als Ihren eigenen Kopf durchzusetzen. Das erfordert Führungs- und Self-Management-Kompetenz.

Behalten Sie den Überblick

Viele Führungskräfte lehnen selbstständig denkende Mitarbeiter ab, weil sie fürchten, dadurch den Überblick zu verlieren: „Dann machen die ja, was sie wollen!" Natürlich machen die das!

Dafür bezahlen Sie sie schließlich. Solange Sie genau wissen, dass sie auf dem Weg zum vereinbarten Ziel sind, ist das auch völlig in Ordnung. Also vereinbaren Sie: „Legen Sie los mit Ihrer Lösung, so wie Sie es vorgeschlagen haben und halten Sie mich auf dem Laufenden."

Sie müssen nicht alles anweisen und selber machen, um den Überblick zu behalten. Es reicht, wenn Sie ständig informiert sind.

Denken Sie wie ein Feldherr: Der steht selten am Geschütz und drückt den Abzug. Dabei verlöre er schnell den nötigen Überblick. Dafür steht er auf dem Feldherrnhügel und hat das Ganze voll im Blick.

Führen Sie schon? Oder weisen Sie noch an?

Zugegeben: Nicht ständig auf Rückdelegationen hereinzufallen und die Mitarbeiter stattdessen auf eigene Lösungen kommen zu lassen, liest sich auf den ersten Blick recht komplex an. Doch nach einer Woche ernsthafter Anwendung werden Sie merken: Das geht fast schon automatisch. Und nach drei Wochen geht Ihnen das so in Fleisch und Blut über, dass Sie gar nicht mehr darüber nachdenken müssen.

Sie werden sich lediglich über Ihre mitdenkenden Mitarbeiter freuen und die viele Zeit, die Sie plötzlich für Ihre eigene Arbeit zur Verfügung haben

*„Für jeden guten Vorsatz gibt es
eine noch bessere Ausrede."
Sprichwort*

7 Was hält Sie?

Das Raucherparadoxon

Ich biete Ihnen eine Wette an: Wenig von dem, was Sie bislang gelesen haben, war Ihnen wirklich neu. Stimmt's?

Sie wussten schon, bevor Sie Kapitel 1 lasen, dass mehr bei Meetings herauskommt, wenn Sie sich vorbereiten. Sie wussten schon, dass Sie öfters Nein sagen sollten (s. Kapitel 5). Sie wissen längst, dass führt, wer fragt (s. Kapitel 6). Und? Tun Sie's? In ausreichendem Maße? Da liegt der Hund begraben, wic dcr Bayer sagt.

Fassen wir den Bogen weiter: Was ist aus Ihren Lebensträumen, Ihren geheimen Wünschen geworden? Immer noch geheim? Weiter davon entfernt als je zuvor?

Wissen Sie, was der Witz bei all dem ist? Dieser: Wir wissen meist ganz genau, was wir tun müssten, um ein Leben in Wohlstand, Gesundheit und Zufriedenheit zu führen. Weniger rauchen und Kaffee trinken. Mehr Bewegung, ausgewogener essen, weniger Stress. Das wissen wir. Tun wir's auch? Meist nicht ausreichend. Das lässt einige interessante Schlussfolgerungen zu:

- Ziele sind wichtig, aber uninteressant.
- Interessanter sind die Hindernisse auf dem Weg zum Ziel.

- Ratschläge wie „Bereiten Sie Meetings optimal vor!" sind für sich genommen eine Zumutung.
- Gute Tipps nützen nichts, wenn mir keiner sagt, wie ich diese umsetzen kann, ohne mich auf den Kopf zu stellen.
- „Zielerreichung" ist ein irreführender Begriff.
- „Hindernisüberwindung" ist zutreffender.

Hürden nehmen

Täglich treffe ich Führungskräfte, die mir sagen: „Ich weiß, ich sollte endlich mal ... (meinem Chef Nein sagen, Meetings besser vorbereiten, ...), aber irgendwie kriege ich nicht so recht die Kurve!" Oft geht das schon seit Wochen, wenn nicht Monaten oder Jahren so. Daraufhin frage ich gerne: „Was hält Sie davon ab?" Die häufigste Antwort: ratloses Schweigen.

Welche aktuellen Ziele haben Sie? Was hält Sie davon ab, sie zu erreichen? Sie zögern? Dann sind Sie in bester Gesellschaft: Die meisten Menschen, die von einem Ziel durch ein Hindernis abgehalten werden, können das Hindernis nicht ausreichend beschreiben.

> Wie wollen Sie eine Hürde überwinden, die Sie noch nicht einmal als solche wahrnehmen?

Eine Frage, die viele Menschen peinlich berührt, die aber auch einen Aha-Effekt auslöst: Denn wenn ein vernünftiger Mensch erst einmal das Hindernis bewusst registriert, das er bislang unbewusst ausgeblendet hat, fallen ihm auch meist gute Ideen ein, die Hürde zu nehmen.

Was so trivial klingt, schafft kaum einer – auch nicht auf nationalem Niveau. Nehmen Sie jede neue Regierung: Die tritt meist mit den Versprechen an, die Sozialsysteme zu reformieren, mehr Arbeitsplätze zu schaffen und die Steuerlast zu senken. Nach sechs Wochen im Amt spricht keiner mehr davon. Warum? Weil man auf die ersten Hindernisses gestoßen ist – und das Ganze dann stillschweigend aufgegeben hat.

> Was nützen mir die tollsten Ziele, wenn ich nicht mit Hindernissen umgehen kann?

Wichtiger als Ziele

Überall steht zu lesen, wie wichtig Ziele sind. Das sind sie nicht. Sie sind *nötig*, aber für den Erfolg nicht ausreichend.

> Über Erfolg und Zufriedenheit eines Menschen entscheidet, wie er mit Hindernissen umzugehen weiß.

Wie schnell und ressourcenschonend er über die nächste Hürde kommt. Dafür sind meines Erachtens drei Dinge nötig:

- Eine gesunde interne Fehlerkultur, die Hindernisse nicht als persönliches Versagen oder den Beweis der Unmöglichkeit eines Vorhabens interpretiert, sondern bewusst als Feedback wertet: „Aha, hier geht's erst mal nicht weiter!"
- Einen bewussten Blick für Hindernisse: „Das ist also meine nächste Hürde. Interessant."
- Eine starke Lösungsorientierung: „Wenn es so nicht geht – wie könnte es dann gehen?"

„Wenn das Leben dir Zitronen gibt, mach eine Saftbar auf!" Das Sprichwort enthält eine tiefe Wahrheit: Es kommt im Leben zwar auch auf die eigenen Lebensziele an. Es kommt jedoch noch viel intensiver darauf an, was Sie aus den Steinen machen, die Ihnen auf dem Weg zu Ihren Zielen auf die Straße gelegt werden.

Achtsamkeit ist besser als Disziplin

Viele so genannte Experten behaupten, es komme bei der Zielverfolgung auf Hartnäckigkeit, Disziplin und Durchhaltevermögen an. Wie unsinnig das ist, hat jeder schon mal erkannt, der über einen längeren Zeitraum versucht hat, „hartnäckig" oder „diszipliniert" zu sein. Das hält keiner lange aus, weil es unheimlich ermüdend ist.

Und weil die Experten Ursache und Wirkung verwechseln: Als hartnäckig erscheinen Menschen, die sich von keinem Hindernis entmutigen lassen und eine Hürde nach der anderen nehmen. Deshalb wäre es klüger, das Kind gleich beim Namen zu nennen: Seine Ziele erreicht, wer die letzte Hürde nimmt. Dazu braucht es weder Hartnäckigkeit noch Disziplin. Dazu braucht es lediglich die Erkenntnis: Das ist nicht das Ende der Welt. Das ist auch kein persönliches Versagen. Das ist nur eine Hürde. Wie nehme ich die jetzt?

„Management kommt aus dem Lateinischen und heißt: Druck von allen Seiten!"
Manager während einer Kaffeepause

8 Das Sandwich-Dilemma

Ein schwer verdauliches Sandwich

Manager haben's nicht leicht. Zu Erfolgsdruck und Zeitnot kommt ein Problem hinzu, dass Führungskräfte so beschreiben:

- „Unser oberstes Management macht mir Druck, noch mehr Leute zu entlassen. Meine Mitarbeiter machen Gegendruck, weil sie schon jetzt bis in die Puppen Überstunden fahren!"
- „Die da oben brüten immer neue Fürze aus – und mir klatscht dann der Sturm der Entrüstung von unten entgegen."
- „Die Geschäftsleitung will immer noch mehr Umsatz – aber meine Mitarbeiter kommen schon jetzt auf dem Zahnfleisch daher!"

Diese Äußerungen beschreiben das sogenannte Sandwich-Dilemma: Druck von oben, Druck von unten und dazwischen der Manager, der von beiden Seiten aufgerieben wird. Der Manager quasi als Boulette zwischen zwei Brötchenhälften – daher der Name des Dilemmas.

Das Sandwich ist ein echtes Dilemma: Wie der Vorgesetzte es auch macht, er macht es falsch. Vertritt er die Position von „denen da oben", kriegt er Druck von seinen Mitarbeitern. Schützt er seine Mitarbeiter, kriegt er Druck von oben.

Ich kenne jede Menge Führungskräfte, die vom Sandwich in Alkoholismus, Tablettenmissbrauch oder Burnout getrieben wurden. Trotzdem spricht kaum einer darüber. Weil das Thema auch in unserer fälschlicherweise als aufgeklärt geltenden Presse und Fachliteratur totgeschwiegen wird. Brechen wir das Tabu, bevor das Dilemma weitere Führungskräfte zerbricht.

Die Guten leiden schlimmer

Vor allem junge ManagerInnen und Führungskräfte, die sich ihre Ideale bewahrt haben, leiden unter dem Sandwich-Dilemma. Wie ein 34-jähriger Projektleiter eines IT-Unternehmens sagt: „Ständig muss ich von meinen Mitarbeitern Dinge verlangen und meinen Kunden Sachen verkaufen, die gegen meine Überzeugung laufen."

Und das wird immer schlimmer. Warum? Weil das Obere Management sich tendenziell immer weiter entfernt von den Erfordernissen an der Basis und auf den Märkten.

Wer Schmerzen hat, ist gesund

Wie gehen Manager mit dieser Zerreißprobe um? Die meisten fühlen sich innerlich hin- und hergerissen. Ist das schlimm? Im Gegenteil. Wenn Sie diesen Zwiespalt spüren, dürfen Sie sich gratulieren: Sie sind geistig-moralisch völlig gesund.

Denken Sie an jene Kollegen, die dieses Dilemma nicht mehr spüren und jedwede Vorgabe von oben unkritisch „durchdrücken" oder beständig dagegen rebellieren. Das ist moralisch bedenklich, macht unbeliebt und kostet über die Jahre wahnsinnig Kraft und Sympathien.

Viele Managerinnen und Manager leiden jahrelang unter dem Dilemma. Auch weil sie keine geeigneten Mittel finden, es zu lösen. Sie sind auf Holzwegen unterwegs.

Die beliebtesten Holzwege

Betrachten wir den Fall eines Abteilungsleiters, den seine Geschäftsleitung anweist, einen bestimmten Auftrag plötzlich mit 17 Prozent weniger Kosten als üblich zu realisieren. Seine Mitarbeiter rebellieren: „Wir sind doch schon jetzt am Anschlag! Wo sollen da noch Kostenpotenziale liegen? Wenn die da oben jetzt 17 Prozent weniger Kosten wollen, dann haben die den Auftrag doch von vorne herein falsch kalkuliert!"

Am liebsten würde der Abteilungsleiter aus vollem Herzen dazu „Ja!" sagen, weil auch er die Sache so sieht. Doch damit würde er sein Oberstes Management verraten. Sagt er dagegen Nein, verrät er seine Mitarbeiter und seine Überzeugungen. Tagelang quält ihn die Frage, welche Position im anhaltenden Konflikt er denn nun vertreten soll. Tagelang ist er hin- und hergerissen. Das ist genau die falsche Strategie. Manager sind Meister darin, die falsche Strategie zu erwischen, wenn es um das Sandwich-Dilemma geht:

- Sie entscheiden sich in einem Dilemma für das „kleinere Übel", zum Beispiel Position A. Folge: Sie machen sich damit alle Anhänger von Position B zu Feinden und verraten möglicherweise ihre eigenen Überzeugungen.
- Sie entscheiden sich für Position B, machen sich damit alle Anhänger von A zu Feinden und verraten möglicherweise ihre Überzeugungen.
- Sie versuchen, beide Positionen gleichzeitig zu wahren, um es möglichst allen recht zu machen – was in einem echten

Dilemma jedoch unmöglich ist, da sich unvereinbare Positionen eben nicht vereinbaren lassen (daher der Begriff „Dilemma“).

- Sie lassen sich tagelang zwischen beiden Positionen hin- und herreißen, was zwar sehr unterhaltsam ist, sie jedoch psychisch und physisch aufreibt.

An diesen vier Holzwegen bewahrheitet sich das Sprichwort: Jedes Problem hat eine Lösung, die einfach, einleuchtend und falsch ist. Natürlich ist die Versuchung am größten, ein Dilemma zu lösen, indem man sich für eine Seite entscheidet, das kleinere Übel wählt oder es allen recht machen will. Doch im Business lohnt es selten, einer Versuchung blind nachzugeben.

Die Lösung des Dilemmas

Das klassische Sandwich-Dilemma lässt sich nur durch einen ebenfalls klassischen Zweischritt lösen:

1) Machen Sie sich das Spannungsfeld bewusst, in dem Sie sich befinden!

Dilemmata quälen nämlich nur solange, solange sie unbewusst wirken. Sobald Sie sich das konkrete Dilemma im Lichte Ihres Bewusstseins betrachten und (möglichst schriftlich) beide Extrempositionen ausformulieren, verliert es schnell seine quälende Wirkung. Umgangssprachlich ausgedrückt:

Wenn Sie in einer Zwickmühle stecken, formulieren Sie die Zwickmühle explizit!

Der Abteilungsleiter aus unserem Beispiel formuliert im Coaching: „Wenn ich die 17% durchdrücke, bleibe ich linientreu, bringe aber meine Mitarbeiter gegen mich auf. Wenn ich es nicht tue, bin ich der Held meiner Mitarbeiter, kriege aber Ärger mit der Geschäftsführung." Sobald er sich den Satz aufschreibt, verliert das Dilemma bereits die Hälfte seines Schreckens: Transparenz befreit!

> Je transparenter wir uns Probleme machen, desto stärker bekommen wir sie in den Griff.

Der zweite Schritt zur Lösung eines Dilemma ist:

> 2) Suchen Sie den Ausgleich!

Sobald Sie sich bewusst gemacht haben, aus welchen beiden Extrempositionen Ihr Sandwich-Dilemma gestrickt ist, haben Sie genug inneren Abstand, um die Frage zu stellen, die das Dilemma auf einen Schlag löst:

> Wie werde ich beiden Seiten auf eine Weise gerecht, mit der ich leben kann?

Wohlgemerkt: Das Dilemma ist dann und erst dann gelöst, wenn Sie mit der Lösung gut leben können. Sie – nicht eine der beiden anderen beteiligten Parteien. Das ist der springende Punkt. Denn wer versucht, es anderen recht zu machen, macht es letztendlich keinem recht. Vor allem nicht sich selbst.

Die Schlüsselfrage

Das Schöne an der zentralen Schlüsselfrage ist, dass Sie immer eine Antwort darauf finden, die Ihnen gefallen wird. Denn auf diese Frage gibt es so viele Antworten wie Manager. Auf einem der letzten Führungstrainings hatten gleich drei Führungskräfte das oben geschilderte Problem. Jeder von ihnen fand seine eigene Lösung, mit der er leben konnte:

- Der erste Manager fand einen Ausgleich zwischen beiden Extrempositionen, indem er zu seinen Mitarbeitern sagte: „Okay, sagen wir, die Geschäftsleitung hat tatsächlich falsch vorkalkuliert (damit kommt der Vorgesetzte seinen Mitarbeitern entgegen) – was hilft uns das jetzt? Wir müssen liefern! Also lasst uns zum hundertsten Mal unsere Kostenpositionen durchgehen. Irgendwas finden wir doch immer (auch dieses Vertrauen kommt den Mitarbeitern entgegen)."
- Eine Managerin sagte zu ihren Mitarbeitern: „Ich habe alles versucht, um der Geschäftsleitung klar zu machen, dass die Kosten schon jetzt auf Kante genäht sind (das kommt den Mitarbeitern entgegen). Aber die können oder wollen absolut nicht nachgeben. Also lasst uns überlegen, wie wir das irgendwie schaffen."
- Eine dritte Führungskraft meinte: „Die Geschäftsleitung hat das nicht falsch, sondern eben so eng kalkuliert, dass wir den Auftrag gerade noch bekommen haben. Hätten wir ihn nicht bekommen, müssten wir jetzt Kurzarbeit anmelden oder entlassen. Wäre Ihnen das lieber?"

Der Clou daran: Obwohl diese drei Lösungen recht unterschiedlich sind, lösten sie das Dilemma in jedem der drei Fälle perfekt – für die entsprechende Führungskraft. Die Mitarbeiter lenkten ein, das Topmanagement war zufrieden und vor allem der gesandwichte Manager konnte zu seiner Lösung stehen – und nachts wieder ruhig schlafen.

Entscheidend für die Lösungen war allein, dass die Manager sich bewusst machten, in welchem Spannungsfeld sie sich befanden und dann einen Ausgleich der beiden Spannungspole suchten, mit dem sie persönlich leben konnten. Merke: Auch wenn das Problem dasselbe ist – für unterschiedliche Manager sieht die Lösung oft unterschiedlich aus.

Es gibt keine Unlösbaren

Wie schon Einstein sagte: Es gibt keine unlösbaren Probleme. Dilemmata quälen zwar oft immens, doch im Grunde sind sie lediglich optische Täuschungen.

Wer hinter die Täuschung schaut und beide Dilemma-Extrempositionen bewusst wahrnimmt, dem fällt die Lösung quasi in den Schoß. Nicht nur das: Schon nach wenigen Versuchen wird Ihnen der Dilemma-Ausgleich Spaß machen und Ihren Ruf, Ihre Kompetenz und Ihre Erfolge mehren.

Es liegt auf der Hand, dass dilemma-kompetente Führungskräfte nicht nur erfolgreicher, sondern auch beliebter sind. Denn der Führungsalltag ist voll von großen und kleinen Dilemmata – eben weil ständig die Meinungen und Positionen der unterschiedlichsten Menschen und Interessengruppen aufeinander prallen.

Gerade weil das so oft passiert, kann sich eine dilemma-kompetente Führungskraft täglich dutzendfach profilieren und einen exzellenten Ruf erwerben – und zwar auf beiden Seiten. Ist das der Fall, spricht man davon, dass die Führungskraft über

Integrationskompetenz verfügt. Sie integriert, anstatt zu polarisieren.

Warum die Mühe?

„Es ist aber viel einfacher, den Mitarbeitern klar zu sagen, wo der Bartel den Most holt“, höre ich an dieser Stelle regelmäßig. Stimmt. In einem Dilemma eine der vorgegebenen Positionen zu besetzen, ist tatsächlich die einfachste Sache der Welt.

Wer nicht darunter leidet, dass die Mitarbeiter in der Folge sauer auf ihn sind und demotiviert weiterarbeiten, kann das Dilemma einseitig lösen. Das Problem an diesem Rezept ist bloß: Wer wirklich im Dilemma steckt, der verschlimmert durch eine Extremposition die Zwickmühle nur noch.

Transferschwelle

Als der Newsletter mit dem Sandwich-Dilemma erschienen war, schrieb mir eine Bereichsleiterin: „Wenn ich meinen Mitarbeitern mit Kurzarbeit gedroht hätte (wie der oben zitierte dritte Manager im Seminar), hätte das nicht das Dilemma gelöst, sondern eine Revolte ausgelöst!“ Das ist richtig. Und falsch. Und extrem verbreitet.

> Wenn Menschen Erfolge beobachten, tendieren sie dazu, die Maßnahme anstatt das Rezept zu übernehmen.

Das Erfolgsrezept lautet eben nicht: „Droh deinen Mitarbeitern mit Kurzarbeit!“ Mal ehrlich: Wenn das so einfach wäre, könnte jeder Hiwi Manager werden! Das Rezept lautet vielmehr:

1) Mach dir dein Spannungsfeld bewusst!
2) Finde einen Ausgleich der Extrempositionen, mit dem du leben kannst.

„Mit dem du leben kannst“ – das ist der entscheidende Punkt: Wenn Ihre Mitarbeiter eine Drohung mit Kurzarbeit nicht akzeptieren, dann ist das eben kein Spannungsausgleich, mit dem Sie leben können. Jeder Manager muss seinen eigenen Ausgleich finden. Ich habe noch keinen erlebt, den das intellektuell überfordert hätte.

Optimismus vs. Pessimismus

Manchmal bin ich etwas schockiert, dass hoch intelligente TopmanagerInnen selbst so einfache Rezepte gründlich missverstehen. Was nur wieder den alten Trainerspruch bestätigt:

Es ist kein Rezept so einfach, dass es ein intelligenter Mensch nicht auf Anhieb missverstehen könnte.

Auf der anderen Seite erklärt es aber auch, warum Topführungskräfte top sind: Ihre Erfolgsrezepte sind nicht hochkompliziert. Oder wie der Amerikaner sagt: It’s no rocket science! Im Gegenteil, ihre Erfolgsrezepte sind verblüffend einfach. So einfach, dass nur ein genialer Geist sie erfassen kann. In diesem Sinne: Wenn Sie das einfache Rezept zur Lösung des Sandwich-Dilemmas verstanden haben, dürfen Sie sich mit Fug und Recht zur geistigen Elite unserer Wirtschaft zählen.

„Wer beim ersten Scheitern aufgibt,
ist kein Unternehmer.“
Nicolas Hayek, Gründer der Swatch-Gruppe

9 Turnaround!

So kann's nicht weitergehen

Es muss sich was ändern in unserer Gesellschaft, unserem Leben, unseren Unternehmen. „Ist mir schon lange klar“, klagen Führungskräfte und Unternehmer, „aber sagen Sie das mal meinen Mitarbeitern! Die kriegen das Gesäß nicht hoch!“ Warum nicht? Weil sie lieber jammern:

- „Nicht schon wieder ein Change-Projekt!“
- „Was soll sich denn noch alles ändern!“
- „Das bringt doch eh' nichts!“
- „Wir haben schon so viel probiert und es hat nichts genützt!“
- „Wie sollen wir das denn schaffen?“
- „Wir haben doch jetzt schon viel zu viel zu tun!“
- „Dafür haben wir keine Zeit!“

Sie kennen das? Es steht Ihnen bis hier? Dann sind Sie in guter Gesellschaft. Die meisten intelligenten Menschen fragen sich irgendwann: „Wie kann ich diese Jammerlappen auf Zack bringen? Geht das überhaupt?“ Ja, das geht – aber leider nicht mit den üblichen Mitteln.

Die üblichen Mittel

Zu den üblichen Mitteln gehören zum Beispiel Drohungen. „Wenn Sie nicht endlich ... dann ... !". Drohungen werden insbesondere in der folgenden Version verwendet: „Wenn wir die Kosten nicht noch weiter runter kriegen, verlieren wir noch mehr Arbeitsplätze!" Das haben Sie auch schon probiert?

Was fiel Ihnen dabei auf? Dass Drohungen zwar kurzfristig aufrütteln, jedoch nicht nachhaltig motivieren. Was irgendwie logisch ist.

> Wenn Drohungen Motivation wären, dann hieße Motivation schlicht Drohung.

Warum ziehen Drohungen nicht? Weil die Jammerer sofort kontern: „Wir würden ja gerne! Aber der Markt, die Kunden, die Konjunktur, die Konkurrenz! Das ist alles soo schlimm!" Was tun Sie, wenn Sie mit dieser typisch deutschen Ach-wie-schrecklich!-Kultur konfrontiert werden? Die meisten machen mehr desselben:

A) noch mehr Druck, Appelle, Drohungen, Überredungsversuche, Argumente, Zahlen, Daten, Fakten, Entlassungen, Change-Projekte

B) noch mehr Auf-zu-neuen-Ufern!-Reden

Halten Sie das für sinnvoll? Nein? Dann haben Sie das Wesentliche erkannt: Diese Methoden sind zum Scheitern verurteilt.

Wenn das so einfach wäre ...

Mit Druck und flotten Reden hat noch keiner das Steuer herumgerissen, den Karren aus dem Dreck gezogen, die Jammerer aus dem Jammertal geführt, den Turnaround geschafft.

Wenn es nämlich so einfach wäre, dann wären die Droh-Apostel und Redenschwinger die erfolgreichsten Turnaround-Manager. Sind sie aber nicht. Druck und fromme Reden schaffen keinen Turnaround. Was dann? Zum Beispiel dies:

1) Jammern Sie mit!

Wie bitte? Wenn Mitarbeiter, Kollegen, Kunden, Chefs, Beziehungspartner jammern, sollen Sie mitjammern? Das ist doch kontraintuitiv! Stimmt – und es funktioniert.

Stellen Sie sich vor, Sie gehen Samstagabend in eine Kneipe, in der eine Gruppe blau gekleideter Fußballfans jammert, wie schlecht Schalke doch wieder gespielt hat. Was meinen Sie, was passiert, wenn Sie sagen: „Ach, so schlecht waren die doch gar nicht! Unentschieden ist doch auch was wert!" Beenden Sie damit die Jammerei? Natürlich nicht. Im Gegenteil. Die Schalke-Fans werden Ihnen nur noch stärker was vorjammern – und Sie auf keinen Fall zum Bier einladen.

Wer Jammerern das Jammern ausreden will, schießt gleich zwei Eigentore. Erstens beendet er damit die Jammerei nicht; im Gegenteil: Er stachelt die Jammerer zum Crescendo, zur Trotzreaktion an.

Zweitens bringt er die Jammerer gegen sich auf : „Der Chef/Kollege hat ja keine Ahnung! Der macht sich lustig über unsere Sorgen. Was für ein arroganter ... !“ Wie wollen Sie in Ihrem Laden etwas ändern, solange Ihre Mitarbeiter/Kollegen Sie für einen arroganten ... halten?

Der Mitjammer-Effekt

Warum sollten Sie mitjammern, wenn gejammert wird? Weil Jammern sinnvoll ist: Jammern schafft Gemeinschaft. Nichts schweißt eine Gruppe stärker zusammen, als über eine gemeinsame (eingebildete) Notlage zu klagen. Oder, falls Sie NLP-Speak sprechen: Erst pacen, dann leaden.

Wenn Sie nicht mitjammern, stellen Sie sich selbst ins Abseits, außerhalb dieser Gemeinschaft. Wer abseits steht, kann aber nichts bewegen. Also jammern Sie mit, um erst einmal von den Jammerern akzeptiert zu werden. Zum Beispiel: „Mann, diese Gurkentruppe hat ja heute keinen Ball getroffen!“ – und schon lädt Sie einer zum Bier ein. Weil man Sie jetzt akzeptiert.

Oder: „Stimmt, das ist jetzt schon die vierte Reorganisation in einem Jahr. Als ob wir nichts Besseres zu tun hätten. Ich weiß auch nicht, woher ich die Zeit nehmen soll!“ Und dabei schauen Sie den Jammerern ins Gesicht. Sie werden erstaunt sein. Sie können förmlich sehen, wie Ihr Gegenüber mit freudig sich aufhellender Miene denkt: „Dieser Chef/Kollege versteht uns! Der kennt unsere Probleme! Dem können wir vertrauen!“ Wer mitjammert, wird akzeptiert! Wer akzeptiert wird, dem glaubt man. Wem man glaubt, der kann was bewegen.

> Zuerst brauchen Sie das Vertrauen der Leute. Erst danach können Sie etwas ändern.

2) Hinterfragen Sie!

Das macht man normalerweise nicht, wenn einer jammert. Man beschwichtigt ihn statt dessen: „Ist doch alles nicht so schlimm!“ Wirkt das? Nein. Warum nicht? Weil Menschen auf solche lahmen Sprüche nicht hereinfallen. Warum nicht? Weil sie sich dabei nicht ernst genommen fühlen. Sie würden sich ja auch nicht ernst genommen fühlen, wenn jemand Ihre Sorgen mit „Ist doch nicht so schlimm!“ abtun würde, oder?

Also nehmen Sie die Jammerer erst einmal ernst. Hinterfragen Sie die Jammerei: „Was befürchten Sie konkret?“ Auf diese Frage folgt eine Explosion. Den Leuten platzt das Ventil und sie lassen alles raus, was sie belastet: Zeitnot, Überforderung, Unverständnis, Skepsis, Zweifel, ... Sie lassen alles raus, wovor sie Angst haben – und was den Turnaround aufhält!

Frage an den aufgeklärten Leser: Warum ist dieses einfache, banale, triviale Hinterfragen des Oberjammergau für einige Führungskräfte sehr schwer? Weil es vielen Vorgesetzten sehr schwer fällt, die Gefühle anderer zu ertragen. Sie fühlen sich von dem Gefühlsausbruch persönlich beschuldigt und rutschen reflexhaft in die Rechtfertigungsschleife: „Nun stellen Sie sich doch nicht so an! So schlimm ist das doch nicht! Da müssen wir schließlich alle durch.“ Autsch. Genau das versteht man unter Führungskompetenz: Eben nicht so daher zu reden wie jeder dahergelaufene Straßenfeger. Nichts gegen Straßenfeger. Doch von einem solchen würde auch niemand verlangen, eine Gruppe, ein Projekt, eine Abteilung, einen Bereich oder ein Unternehmen zu leiten.

Wer führen will, muss kommunizieren können.

Und wer kommunizieren will, muss auch mal die Gefühle anderer aushalten können – ohne wie ein Sechsjähriger gleich dem Rechtfertigungsreflex zum Opfer zu fallen.

3) Würdigen Sie die Ängste!

Sie dachten bislang, man muss den Leuten ihre Ängste ausreden? Das versuchen die meisten Turnaround-Amateure:

- „Ach, das schaffen wir schon!"
- „Was vor Ihnen liegt, ist viel kleiner als das, was hinter Ihnen liegt!"
- „Da haben wir doch schon ganz andere Dinger geschaukelt!"

Die Wirkung dieser beliebten „Motivationssprüche" ist phänomenal. Was denken und fühlen Sie, wenn Ihr Vorgesetzter Ihnen solche windelweichen Phrasen um die Ohren haut? Doch sicher auch: „Der nimmt mich nicht ernst! Ich habe konkrete Bedenken und der speist mich mit solchen lahmen Sprüchen ab!"

Man fühlt sich verarscht. Und das zu Recht. Veräppeln Sie die Ängste der Jammerer nicht, tun Sie genau das Gegenteil: Würden Sie sie. Zum Beispiel:

Jammerer: „Aber dafür haben wir doch gar nicht die Zeit!"
Turnaround-Amateur: „Das müssen Sie schon irgendwie unterbringen!"
Turnaround-Profi: „Klar, das ist ein zusätzlicher Zeitaufwand. Jeder, der was anderes behauptet, lügt. Das Zeitproblem müssen wir irgendwie in den Griff bekommen."

Noch ein Beispiel:

Jammerer: „Das bringt doch nix!“
Amateur: „Klar bringt das was, sonst würden wir es doch nicht machen!“
Profi: „Ja, der Erfolg ist ungewiss. So ungewiss wie das ganze Leben. Aber haben wir denn eine Wahl?“

An dieser Stelle sagen die meisten Menschen: „Das leuchtet mir ein. Aber wenn mich ein Mitarbeiter anjammert, dann ertappe ich mich doch wieder dabei, wie ich es ihm spontan ausreden möchte!“ Das ist normal.

Wer jahrelang den Menschen ihre Sorgen und Nöte auszureden versuchte, gewöhnt sich das nicht über Nacht ab – aber mit einigen Stunden Training oder Coaching. Ob Sie das im Kreise Gleichgesinnter oder do it yourself machen, bleibt sich gleich. Hauptsache, Sie werden die schlechte Angewohnheit los.

Einstellung wichtiger als Technik

Viele Menschen schaffen es auch mit viel Übung nicht, die Ängste anderer zu würdigen (meist auch nicht die eigenen). Warum nicht? Weil, so krass es klingt, sie keinen Respekt vor anderen Menschen haben.

Wer andere respektiert, respektiert auch deren Ängste.

Da sehen wir mal wieder, dass eine gesunde Einstellung wichtiger ist als die richtige Technik. Man kann noch so lange das Würdigen von Ängsten trainieren (Technik). Doch wenn der Respekt vor den Menschen fehlt (Einstellung), klingt das alles wie hohle Phrasen. Umgekehrt gilt: Wer die richtige Einstellung hat, der braucht keine Technik und kaum Training. Solche TeilnehmerInnen sagen mir in Führungstrainings oft: „Ich muss doch nicht üben, wie man die Ängste der Mitarbeiter würdigt. Ist doch klar, dass ich auf die Ängste von Menschen eingehe. Meine Eltern haben mich schließlich zum Respekt vor dem Nächsten erzogen."

Man kann nur ändern, was man annimmt

Was passiert, wenn Sie Ängste nicht mehr abtun, sondern würdigen? Die Jammerer hören auf zu jammern! Sie schwenken oft sogar um 180 Grad um:

Jammerer: „Das bringt doch nix!"
Turnaround-Profi: „Ja, der Erfolg ist schwer absehbar. Die Sache ist so ungewiss wie das ganze Leben. Aber haben wir denn eine Wahl?"
Bekehrter Jammerer: „Hm, tja, so gesehen müssen wir wohl in den sauren Apfel beißen ... "

Warum geben Jammerer das Jammern auf, wenn Sie ihre Ängste würdigen? Weil

- sie dadurch ihre Ängste als das erkennen, was sie tatsächlich sind: Keine abstrakten Bedrohungen, die Angst machen, sondern schlichtweg konkrete Hindernisse, die man überwinden muss.
- sie dadurch die Aufmerksamkeit, den Respekt und die Zuwendung bekommen, die sie mit ihrem Jammern erreichen wollen (Sekundärnutzen).

Nur wer Ängste behandeln kann, kann Dinge ändern.

4) Erforschen Sie Auswege!

Was tun Turnaround-Amateure, wenn Jammerer die konkreten Hindernisse des Wandels erkannt haben? Sie zeigen Lösungen auf. Führungskräfte machen das nun eben mal so: Sie geben die Richtung vor. Sie sagen, wo's lang geht – deshalb folgt ihnen keiner! Wer Lösungen vorgibt, stößt Jammerer zurück in Phase 1:

Jammerer: „Wir haben einfach zu wenig Zeit dafür!"
Turnaround-Amateur gibt Lösung vor: „Dann müssen Sie eben Ihre Prioritäten anders setzen!"
Jammerer: „Aber das geht nicht! Wir verzichten doch jetzt schon auf alle unwichtigen Dinge!"

Eigentlich sollte jeder Vorgesetzte inzwischen bemerkt haben, dass es so nicht funktioniert: Wer Lösungen vorgibt, löst Reaktanz (Widerstandsverhalten) aus. Lösungen gibt man nicht vor, man lässt sie vorgeben. Nämlich vom Probleminhaber. Dazu ist man schließlich Vorgesetzter! Man *macht* nicht, man *lässt* machen. Also zum Beispiel so:

„Dafür haben wir einfach nicht die Zeit!"
„Was schlagen Sie vor?"
„Tja, hm, weiß nicht ... "
„Kommen Sie, irgendwas wird Ihnen doch einfallen!"
„Ja, eigentlich schon. Wenn wir ... " – und diese Lösung wird der Mitarbeiter garantiert nicht anjammern, sondern umsetzen. Warum? Weil sie von ihm kommt. Kein Mensch sabotiert seine eigenen Ideen – nur die vom Chef.

Wenn das so einfach ist ...

Warum haben viele Manager, Familienväter und Beziehungspartner eine Heidenangst vor dem Einholen von Vorschlägen? Weil sie Angst haben, dass der Mitarbeiter, das Kind oder die Beziehungspartnerin einen Vorschlag macht, der ihnen nicht in den Kram passt. Das macht aber nichts.

Denn wenn ein Jammerer einen untauglichen Vorschlag macht, versuchen Sie bloß nicht, ihm diesen auszureden. Wie Sie wohl schon vermuten, provoziert das den Jammerer zu noch mehr Jammern. Hinterfragen Sie lieber die Konsequenzen des Vorschlags: „Gute Idee. Was passiert, wenn Sie tatsächlich ... ? Hätten Sie dann wirklich mehr ... ?“ Menschen sind nicht dumm.

Deshalb kommen sie selber auf den Trichter: „Stimmt eigentlich, blöde Idee. Aber wie wäre es mit ... ?“ Daher der Management-Spruch: Wer fragt, der führt. Wer vorgibt, verliert. Hinterfragen Sie naive Vorschläge von Jammerern einfach so lange, bis eine gute Lösung dabei herauskommt.

5) Vereinbaren Sie!

Das ist das ABC der Führung: Egal, was man beredet, am Ende wird W-vereinbart: Wer macht was bis wann? Wobei es immer noch jede Menge Führungskräfte gibt, die das nicht tun und sich dann wundern, warum das nicht (so) gemacht wird, wie man das besprochen hat. Solche handwerklichen Fehler sollten einer erfahrenen und gut geschulten Führungskraft eigentlich nicht mehr passieren.

Aber das liegt auch an den Führungskräften der Führungskräfte. Ich kenne kaum einen Topmanager, der seine ihm unterstellten Führungskräfte auf Führungskompetenz hin überprüft. Noch nicht mal in der jährlichen Beurteilung. Wer handwerkliche Führungsfehler macht, bekommt weder von oben eins auf den Deckel, noch wird ihm/ihr Unterstützung angeboten. So viel zum viel zitierten Führungsgrundsatz „Fordern und Fördern".

Der Mitarbeiter springt

Wie für jede Stufentechnik gilt auch für diese Turnaround-Strategie: Ärgern Sie sich nicht, wenn der Jammerer zwischendrin plötzlich regrediert, also auf eine Stufe zurückfällt, die Sie eigentlich schon hinter sich haben.

Sagen Sie ihm dann bloß nicht: „Nun stellen Sie sich nicht so an! Das hatten wir doch schon!" Sondern seien Sie geduldig wie eine gute Mutter und holen Sie den Jammerer auf der Stufe ab, auf die er eben abgerutscht ist. Zum Beispiel:

„Okay, wer macht was bis wann?" (Stufe 5)
„Ich boxe mir jeden Tag eine Viertelstunde frei, in der ich Drop-out-Gespräche führe – oh Gott, wenn ich das heute bloß schon hinter mir hätte. Muss das denn wirklich sein?" (Mitarbeiter fällt von Stufe 5 auf Stufe 1 zurück: Jammern)
„Das kostet schon Überwindung, nicht? Geht mir genau so! (Stufe 1: Mitjammern) Was belastet Sie dabei denn am meisten?" (Stufe 2: Hinterfragen)
„Ich weiß nicht, ich habe das halt noch nie gemacht! Blöder Mist!"

„Stimmt, das ist schon was Neues. (Stufe 3: Ängste würdigen) Wie könnten Sie sich den Anfang etwas leichter gestalten?" (Stufe 4: Lösungen erfragen)
„Hm, könnte ich so ein Gespräch nicht erst mal trocken mit einem Kollegen üben?"
„Glänzende Idee. Wen haben Sie denn im Auge?"
„Die Frau Müller. Die kann das gut."
„Also, Sie üben das heute Vormittag noch mit der Kollegin und machen heute Nachmittag dann ein Viertelstündchen Drop-outs. Einverstanden?" (Stufe 5: Vereinbaren)

Macht fast schon Spaß, nicht wahr? Und ist so einfach. So einfach, dass Sie es nach einem halben Dutzend Probeläufen schon relativ sicher beherrschen werden. Jedenfalls ist das meine Erfahrung aus Trainings.

Was Sie davon haben

Die meisten Führungskräfte holen sich das nötige Turnaround-Know-how jedoch nicht im Training, sondern wegen ihrer chronischen Zeitnot im Coaching. Auch dafür gibt es einen Erfahrungssatz: Nach drei bis vier Sitzungen „sitzt" die eben skizzierte Turnaround-Strategie so gut, dass mir die Coaching-Klienten oft berichten:

- „Ich fasse es nicht! In meiner Abteilung wird nicht mehr gejammert!"
- „Die Jammerzirkel sind aufgelöst – jetzt packen die Leute wieder an."
- „Nachdem die Mitarbeiter sich wochenlang mit Zähnen und Klauen gegen das neue Projekt gewehrt haben, haben wir es jetzt binnen vierzehn Tagen reibungslos durchgezogen."

- „Wir haben den Turnaround schneller geschafft als geplant.“
- „Nachdem ich die Leute sich mal so richtig auskotzen ließ und über ihre Ängste geredet habe, war ihre Lähmung verschwunden und die Sache ging erstaunlich schnell über die Bühne.“

Ein anderes Menschenbild

Warum gibt es nur so wenige Führungskräfte, die

1) mitjammern
2) nachfragen
3) Ängste würdigen
4) Auswege erforschen
5) Lösungen vereinbaren?

Weil dazu nicht nur gehört, diese fünf Schritte zu kennen. Es gehört auch ein anderes Menschenbild dazu. Viele Vorgesetzte sehen Mitarbeiter (Chefs, Kollegen, Kunden, Kinder) als Funktionsträger: „Die müssen das tun! Schließlich werden sie dafür bezahlt!“ Wer so denkt, ist zwar ein Vorgesetzter oder Manager, aber sicher keine Führungskraft. Eine Führungskraft weiß, dass sie Menschen führt. Und Menschen lassen sich nur von Menschen führen, nicht von Robotern.

Roboter können nicht die Ängste anderer würdigen, weil sie selbst keine empfinden können. Ein Chef, der sich selbst bewusst ist, dass er ein Mensch ist (und kein Gott), kann sich und dem Mitarbeiter auch mal Ängste, Zweifel und Skepsis zugestehen. Sein Ego ist so stark, das auszuhalten. Nur schwache Manager haben panische Angst vor Ängsten. Deshalb verdrängen sie sie. Das ist eine neurotische Coping-Strategie.

Es ist sehr unwahrscheinlich, dass Sie von dieser Neurose befallen sind: Immerhin reden wir hier schon seit einigen Seiten von Ängsten und Zweifeln. Sie haben das ausgehalten. Sie sind offensichtlich ein Mensch (geblieben). Und damit automatisch die bessere Führungskraft. Egal, ob Sie Mitarbeiter oder Familienmitglieder führen.

Die hohe Kunst des Jammerns

Schon erstaunlich, was Turnaround Management erreichen kann. Es ist kein Jammertal so tief, dass man es nicht mit guten Turnaround-Wanderschuhen zügig durchschreiten könnte. Wo die Schuhe hängen, wissen Sie jetzt. Übrigens: Diese Strategie funktioniert auch in Familie und Beziehung und selbstverständlich auch beim Self-Coaching. Probieren Sie's aus.

Viel Spaß und Erfolg bei Ihrem nächsten Turnaround!

*„Es ist einfacher, ein Scheusal zu sein.
Aber es ist lohnender, ein Mensch zu bleiben."
Michaela Alboretta, Organisationspsychologin*

10 Wie die sich wieder aufführen!

Mimosen als Mitarbeiter

Ohne Mitarbeiter geht es nicht. Aber wie die sich manchmal anstellen! Mindestens einmal die Woche klagt mir eine Führungskraft: „Da führen sich einige auf wie die Mimosen. Als ob ich nicht schon genug Sachprobleme am Hals hätte!"

Jeder Vorgesetzte wünscht sie sich. Doch die meisten Mitarbeiter sind nun mal nicht pflegeleicht. Ständig stresst mindestens einer, einem anderen passt etwas nicht, die dritte zieht schon seit Tagen eine Schnute und ständig hat man als Chef das Gefühl, dass man heute schon wieder mindestens einem unabsichtlich auf die Füße getreten ist. Was für ein Affenzirkus!

Der Führungskonflikt

In dieser Situation tritt ein archetypischer Führungskonflikt auf: „Ich habe eigentlich genug Sachprobleme am Hals und nun wirklich keine Zeit, für die Mitarbeiter den Seelendoktor zu spielen. Andererseits kann ich es mir nicht leisten, dass ein Mitarbeiter eingeschnappt ist und Stimmung, Motivation, Engagement, Leistungswille und Produktivität nach unten zieht!" Wie kann dieses Dilemma gelöst werden?

Holzweg 1: Ignorieren

Viele Führungskräfte stellen die Störung erst einmal hintan: „Darum kann ich mich jetzt nicht auch noch kümmern!“ Logisch, wer hat schon so viel Zeit? Funktioniert diese Lösung? Die meisten Coachees sagen mir: „Bequeme Lösung. Funktioniert nur leider nicht. Die Sache legt sich nur selten von alleine.“ Im Gegenteil. Sie „springt“.

Je länger man eine Störung liegen lässt, desto stärker kocht „die Sache“ hoch und bricht dann irgendwann an völlig anderer Stelle mit Macht aus. Das ist zwar paradox, aber ein ehernes Gesetz des Konfliktmanagements: Konflikte brechen oft nicht dort aus, wo sie entstehen, sondern meist an ganz anderen Stellen. An Stellen, wo der Vorgesetzte dann denkt: „Was ist denn jetzt los? Wie kommt er/sie denn darauf? Warum regt sie/er sich so auf?“ Der Konflikt ist quasi übergesprungen und nun viel schwerer lösbar als wenn man ihn an der Stelle gepackt hätte, an der er entstanden ist.

Paradebeispiel für Übersprungskonflikte ist der Vater, der Stress mit seinem Chef hat, und dafür zuhause seinem 15-Jährigen eine pfeffert, bloß weil dieser den Müll nicht runtergetragen hat. Nach der Backpfeife schauen sich beide entgeistert an und können es nicht fassen. Der Konflikt lässt sich tatsächlich nicht fassen: Er hat mit dem Sohnemann nichts zu tun. Er ist einfach nur übergesprungen – und völlig außer Kontrolle geraden. Wer clever ist, vermeidet deshalb, dass ein Konflikt überspringt, indem er eine Störung sofort behandelt.

Störungen sofort auf den Tisch.

Holzweg 2: Bemuttern

Etliche Führungskräfte tendieren zum anderen Extrem. Sie legen so viel Wert auf ein gutes Arbeitsklima, dass sie ihre Mitarbeiter nach allen Regeln der Kunst bemuttern: „Na, wie geht's uns denn heute? Alles im grünen Bereich? Und wie steht es zuhause?" Wie schön, so einen Chef zu haben? Nein, im Gegenteil.

Denn immer wieder kommen solche Patriarchen/Matriarchen zu mir ins Coaching, um sich bitterlich zu beklagen: „Jetzt kümmere ich mich so fürsorglich um meine Mitarbeiter und die Stimmung ist trotzdem mies!" Warum? Weil auch diese Holzweg-Lösung eine paradoxe Wirkung hat: Sie erzielt das Gegenteil vom erhofften Effekt.

Sie verbessert das Klima nicht, sondern verschlechtert es, weil der Mitarbeiter auf die umsorgenden Fragen des Vorgesetzten keine ehrlichen Antworten gibt, sondern Konversation macht: „Jaja, alles bestens, alles in Ordnung." Schlimmer noch. Der Mitarbeiter lernt dabei: „Wenn ich eine Schnute ziehe, dann kümmert sich der Chef um mich!" Doch damit ist das Problem ja nicht aus der Welt, das ihn die Schnute ziehen lässt! Probleme löst man nicht mit Small Talk.

Holzweg 3: Aufmuntern

„Nun ziehen Sie nicht so ein Gesicht! Wir packen das schon! Die Zeiten sind schwer, aber da müssen wir alle durch!" Kennen Sie das? Klar, das ist blanker Unfug. Aber passiert uns das nicht allen hin und wieder? Warum? Weil das ein Reflex ist, der sogenannte Tröstreflex: Ein Mitarbeiter ist niedergeschlagen? Aufmuntern! Warum?

Weil man sich danach doch gleich besser fühlt. Wie fühlt sich dagegen der Mitarbeiter? Das sagt er seinen KollegInnen: „Mir geht's nicht gut und der Chef speist mich mit abgegriffenen Plattitüden ab. So eine Frechheit!" Dabei hat der Vorgesetzte es so gut gemeint! Eben. Wie das Sprichwort sagt: Der schlimmste Feind von gut ist gut gemeint.

Die Lösung

Wenn Ignorieren, Trösten und Bemuttern nicht helfen, was hilft dann? Ein ehernes Prinzip der Kommunikation:

Erst verstehen, dann verstanden werden.

Spielen wir das an Beispielen durch. Wenn Mitarbeiter schlecht drauf sind, sagen sie oft Dinge wie:

- „Die Arbeit ist mal wieder viel zu viel!"
- „Die Kommunikation funktioniert nicht bei uns."
- „Schon wieder richtig miese Stimmung hier."

Natürlich geht unser aller Reflex nach solchen Äußerungen in Richtung der Holzwege Ignorieren, Bemuttern oder Trösten. Das sagt uns unser Instinkt. Was sagt Ihnen dagegen Ihr gesunder Menschenverstand? Wahrscheinlich das: „Was sollen diese Worthülsen? Was meint der Mitarbeiter überhaupt mit ‚zu viel Arbeit', ‚Kommunikation' oder ‚Stimmung'?" Das sind die richtigen Fragen. Denn sie zielen auf Verständnis hin: Man kann Mitarbeiter nicht führen, wenn man sie nicht versteht.

Die Falle

In dieser Situation meinen viele Führungskräfte spontan: „Ich weiß doch, was der Mitarbeiter meint!“ Das ist in 90 Prozent der Fälle leider eine Fehlannahme. Das zeigt schon das Gesicht des Mitarbeiters: Fühlt er sich etwa von Ihnen verstanden? Meist leider nein.

Jemand, der sich verstanden fühlt, sieht anders aus. Deshalb gibt es in dieser Situation eigentlich nur eine Frage, die Sie stellen können und sollten: „Was meinen Sie damit?“ Einfach, nicht? Gute Kommunikation ist immer einfach.

Der Schutz

In der Hektik des Alltags fällt es schwer, keine voreiligen Schlüsse der Marke „Ich weiß doch, was er meint!“ zu ziehen. Deshalb gibt es einen Trick, der vor dieser Versuchung schützt: Wiederholen Sie in eigenen Worten das, was der Mitarbeiter Ihrem Verständnis nach gesagt hat.

Formulieren Sie: „Wenn ich Sie richtig verstanden habe, dann ... “ Schauen Sie dem Mitarbeiter dabei ins Gesicht. Hellt es sich auf, haben Sie ihn tatsächlich verstanden. Wenn nicht, wird er Ihnen schon sagen, an welcher Stelle Sie ihn missverstanden haben. Fragen Sie stur so lange nach, bis Sie ihn verstanden haben und er Ihnen bestätigt, dass Sie ihn verstanden haben.

Verständnis ist gar nicht so einfach, nicht? Nein, es ist wie Autofahren. Laut ADAC halten sich 90 Prozent aller Autofahrer für überdurchschnittlich gut – was statistisch unmöglich ist. So ist es auch mit dem Verständnis: „Ich habe Verständnis für meine Mitarbeiter!“ Das ist Quatsch. Verständnis kann man nicht haben wie ein Fahrrad. Man kann es nur jeden Tag neu entwickeln. Nämlich immer dann, wenn der Mitarbeiter eine Schnute zieht.

Die Basis vom Verständnis ist die Verständnisfrage: Was meinen Sie damit?

Die Ausreden

Warum fragen Führungskräfte so selten nach? Warum versuchen sie so selten, ihre Mitarbeiter zu verstehen? Weil sie Angst haben. Angst vor dem drohenden Zeitverlust und Angst (insbesondere, wenn sie Männer sind) vor den Emotionen, die damit verbunden sind.

Zur Zeitangst ist zu sagen: Verständnis zu gewinnen frisst zehnmal weniger Zeit, als stundenlang aneinander vorbei zu reden und dabei doch nichts zu erreichen. Außerdem: Ohne Verständnis gibt es keine Problemlösung. Sie können nicht lösen, was Sie nicht verstehen – obwohl das manchmal schon praktisch wäre.

Zur Angst vor Emotionen: Sie ist unbegründet. Eben nur eine Angst, kein Fakt. Denn kein Mitarbeiter wird mit einem Schreikrampf vor Ihnen zusammenbrechen und einen Vatermord gestehen. Bei jedem Fußballspiel Ihres Lieblingsvereins erleben Sie zehnmal mehr und intensivere Emotionen ...

Dem Mitarbeiter helfen

Angenommen, Sie haben tatsächlich erfragt und verstanden, was den Mitarbeiter umtreibt. Was dann? Dann schaffen Sie mit einem guten Rat das Problem aus der Welt: „Die Arbeitsbelastung ist gerade zu hoch? Dann müssen Sie sich besser organisieren! Ich zeige Ihnen, wie." Können Sie sich das Gesicht des Mitarbeiters dabei vorstellen?

Mit so einem Ratschlag machen Sie alles kaputt, was Sie mit Ihrem Verständnis aufgebaut haben. Ich weiß, das ist kontraintuitiv, aber eine Binsenweisheit:

Ratschläge sind auch Schläge.

Darum heißt ein anderes Sprichwort auch: Guter Rat ist teuer. Er kommt alle Beteiligten teuer zu stehen, weil er die Beziehung zerstört. Was ist besser als ein guter Rat? Verständnis.

Wenn Sie es errungen haben, nützt es nichts, wenn Sie es verschweigen. Dann hat der Mitarbeiter nämlich nichts davon. Artikulieren Sie es: „Jetzt verstehe ich, warum Sie damit ein Problem haben!" Vorsicht: Anfänger im Gebrauch der Führungskommunikation verwechseln das mit Rechtgeben. Deshalb der Unterschied in dürren Worten: Wenn ich jemandem Recht gebe, sage ich: „Sie haben Recht, die Arbeitsbelastung ist für Sie zu hoch." Wenn ich jemandem Verständnis zeige, sage ich jedoch: „Nachdem Sie mir das erklärt haben, verstehe ich ganz gut, warum Sie sich überlastet fühlen."

Und noch einmal zum Mitschreiben: Verständnis hat nichts mit Rechtgeben zu tun! Weder grammatikalisch noch semantisch noch in irgendeinem bekannten Paralleluniversum. So viel sprachliches Differenzierungsvermögen sollte ein Mensch mitbringen oder entwickeln, der eine Führungsposition bekleidet. Sonst wird es sehr schwer, sich in dieser Position zu halten und dabei auch noch seines Lebens froh zu werden. Führung ist nun mal zu 90 Prozent Kommunikation.

Die Lembke-Frage

Wie geht's nach dem Verständnis weiter? Erinnern Sie sich an Robert Lembke? „Welches Schweinderl hätten'S denn gerne?" Fragen Sie das auch den Mitarbeiter: „Was hätten Sie denn gerne anders?"

Unerfahrene Führungskräfte haben manchmal Angst, dass der Mitarbeiter Utopisches wünscht, zum Beispiel: „Ich hätte gerne einen Porsche!" Na und? Selbst wenn ein Mitarbeiter das wünschen sollte, können Sie immer noch sagen: „Ich auch!" Oder: „Ja, das wär was Feines!"

Hier herrscht ein großes Missverständnis unter Führungskräften: Mitarbeiter möchten nicht in erster Linie, dass Sie ihre Wünsche erfüllen. Mitarbeiter sind nicht dumm. Sie wissen, dass Sie nicht der Weihnachtsmann oder die Märchenfee sind. Natürlich würden sie von Ihnen auch einen Porsche annehmen. Haben Sie keinen zu verschenken, erwarten die Mitarbeiter nur eines: Verständnis. Sagen Sie:

- „Ja, das verstehe ich. Das wäre wirklich schön."
- „Sie sprechen mir aus der Seele. Auch ich würde gerne meine Workload halbieren."
- „Wem sagen Sie das? Ihr Wort in Vorstands Ohr!"
- „Ja, wenn wir zwei Wochen später abliefern könnten, wären wir fein raus. Was meinen Sie, wie oft ich mir das schon gewünscht habe?"

Was würden Sie von einem Chef halten, der so mit Ihnen spricht? Wenn ich Mitarbeiter von solchen Chefs frage, sagen die mir:

- „Der Chef ist ein feiner Kerl. Wenn du Kummer hast, versteht er das und speist dich nicht mit dummen Sprüchen ab."
- „Im Grunde ist er ein Mensch wie du und ich."
- „Es tut einfach gut, wenn der Chef unsere Sorgen versteht und nicht den großen Boss raushängen lässt."

Für solche Chefs gehen die Mitarbeiter durchs Feuer. Gerne. Wiederholt. Nicht weil sie so geniale Manager wären. Sondern weil sie die Sorgen und Nöte ihrer Mitarbeiter verstehen.

Wünsche wahrmachen

In 99 Prozent der Fälle nennt der Mitarbeiter auf die Lembke-Frage einen Wunsch, über den meine Coachingklienten meist stöhnen: „Mensch, warum hat er das nicht früher gesagt? Beziehungsweise: Warum habe ich ihn nicht früher danach gefragt? Das ist eine gute Idee! Was ich da für Potenzial ungenutzt gelassen habe!"

Die Wünsche der Mitarbeiter sind meist recht brauchbare Ideen im Sinne eines funktionierenden Vorschlagswesens. Sie werden sie nicht immer 1:1 umsetzen können, doch das will der Mitarbeiter auch gar nicht. Allein dadurch, dass Sie seine Idee aufnehmen und zusammen mit ihm einen realisierbaren Kompromiss erarbeiten, schaffen Sie eine Win-Win-Situation – und eine deutliche Steigerung von Motivation und Arbeitsklima.

Das setzt voraus, dass Führungskräfte tatsächlich mit ihren Mitarbeitern reden. Ein Umstand, der insbesondere von der internationalen Managementliteratur oft bestritten wird: Deutsche Führungskräfte gelten als menschlich inkompetent. Das ist natürlich Quatsch. Denn nicht nur in der Führung, sondern auch in Familien und Vereinen wird nicht miteinander geredet.

Kein Mensch bemüht sich um Verständnis. Keiner fragt nach den Wünschen des anderen. Das ist hat einen Riesenvorteil: Eben weil es in unserer neurotischen Gesellschaft keiner macht, funktioniert es bombastisch-phantastisch bei der Mitarbeiterführung. Das sagen die Mitarbeiter auch:

- „Unser Chef ist der einzige Mensch in diesem Laden, mit dem man noch vernünftig reden kann."
- „Meinem Chef sage ich Dinge, die verrate ich nicht mal meiner Frau – weil die mich nicht so gut versteht wie mein Chef!"
- „Mein Vorgesetzter behandelt mich wie einen Menschen. Daran musste ich mich erst mal gewöhnen."

Den Sack zumachen

Was fangen Sie mit der Idee vom Mitarbeiter an? Konkretisieren, umsetzen, kontrollieren, fertig. Und auf jeden Fall zuallererst beim Mitarbeiter bedanken: „Klasse Idee. Gut, dass wir darüber geredet haben. Das hat uns jetzt echt weitergebracht. Kommen Sie jederzeit wieder zu mir, wenn Sie eine gute Idee haben." Der Mitarbeiter wird nie wieder eine Schnute ziehen. Er hat nur noch gute Ideen ...

Wer seine Mitarbeiter versteht, bringt es weiter im Leben. Und das gilt nicht nur für Mitarbeiter, sondern auch für Chefs, Kunden, Kinder, Partner, Eltern, Verwandte, ...

Natürlich macht es etwas Mühe, die Idee vom Mitarbeiter umzusetzen. Man hat ja auch so viel anderes zu tun! Das ist der große Irrtum mittelmäßiger Führungskräfte: Sie glauben, Leadership sei für umsonst zu haben.

> Wegen der Behandlung von Sachfragen folgt Ihnen kein vernünftiger Mitarbeiter. Mitarbeiter folgen keinen Managern, sondern nur Führungskräften.

Genau das bedeutet Führen (auch): Mitarbeiter ernst nehmen, mit ihnen reden, sie als Menschen behandeln, sie zu verstehen suchen, ihre Ideen aufnehmen und dann auch mal etwas Zeit daran zu setzen, diese Ideen zu realisieren. Der Mitarbeiter wird's Ihnen danken.

Neulich schnappte ich mit halbem Ohr in einer Kaffeepause auf: „Der Chef hat meine Idee zur Auftragskennzeichnung aufgegriffen, in die Dispo gegeben und denen sogar gesagt, dass sie von mir ist und gut sei. Das hat schon was!“ Dieser Mitarbeiter wird in den nächsten fünf Wochen nicht die geringste Schnute ziehen. Er wird sich überschlagen vor Enthusiasmus und Leistungswillen. Weil er auf Wolke sieben schwebt.

Und nach fünf Wochen, wenn die Wirkung nachlässt, nimmt sein Chef eben die nächste Idee von ihm auf. So einfach kann es manchmal sein, Mitarbeiter bei Laune zu halten.

„Der Starke ist am mächtigsten allein."
Schiller, Wilhelm Tell

11 Die Teamlüge

Verlogener Blödsinn

Teams sind so etwas wie der Heilige Gral der Führungslehre. Wenn ein Manager einen anderen beleidigen will, wirft er ihm vor „Kein Team Player!" zu sein. „Teamfähigkeit" ist ein herausragendes Kriterium in beruflichen Anforderungsprofilen. Teams sind gut, Teams nutzen Synergieeffekte, Teams sind mehr als die Summe ihrer Teile. Vorstandsmitglieder posaunen immer wieder, dass „wir alle ein großes Team" sind. So ein Quatsch.

Was in den letzten Jahren über Teams, Teamarbeit und Teamentwicklung an Unfug verbreitet wurde, geht auf keine Kuhhaut. Es ist über das Thema nur ein einziges ehrliches Buch erschienen, bezeichnenderweise mit dem programmatischen Titel: „Die Teamlüge".

Eine bitterböse Polemik über den herrschenden Teamunfug. Ein Rezensent schrieb dazu: „Im betrieblichen Wertekanon wird der Begriff ‚Team' immer nur äußerst positiv verkauft. Dabei weiß jeder aus eigenem Erleben, was für ein verlogener Blödsinn das de facto doch ist."

Erst vor wenigen Wochen habe ich es wieder auf einem Führungsseminar erlebt. Auf die Standardfrage „Was macht ein gutes Team aus?", rezitierten die teilnehmenden Führungskräfte der Reihe nach brav, was in jedem Lehrbuch steht:

- „Teamkultur entsteht durch Vertrauen und Verständnis."
- „Im Team ziehen alle an einem Strang."
- „Einer springt für den anderen ein."

Die Wortmeldungen wurden immer wolkiger und euphorischer, bis ein Teilnehmer die abgehobene Schwärmerei mit einem Rums wieder auf den Boden der Realität zurückbrachte, indem er sagte: „Und das Ganze schreit förmlich nach Führung!"

Teams brauchen Führung

Ausnahmen bestätigen die Regel. Und die Regel ist: Teams funktionieren in der Praxis nicht. Nicht ohne straffe Führung – was paradox ist. Denn ursprünglich wollten wir mit dem Teamgedanken die Führung alter Prägung doch abschaffen, erinnern Sie sich? Hat nicht funktioniert.

Teams brauchen Führung wie ein Goldfisch das Wasser. Und das zentrale Instrument der Teamführung sind: Ziele. Immer wieder werde ich zu Teamentwicklungen zum Beispiel für Gebietsverkäufer gerufen. Ich schaue mich dann meist suchend um: Wo ist das Team? Kein Wunder gibt es Probleme mit dem „Teamgeist" unter Verkäufern: Gebietsverkäufer sind überhaupt kein Team! Weil es kein gemeinsames Ziel gibt!

Solange jeder Einzelne der Verkäufer sein eigenes Gebietsziel hat, haben alle kein gemeinsames Ziel. Mithin gibt es kein Team, das man entwickeln könnte. Das erklärt auch, warum es trotz wiederholter Maßnahmen zur „Teamentwicklung" in vielen Verkaufsorganisationen mit dem Teamgeist immer noch nicht hinhaut. Gebietsverkäufer sind Einzelkämpfer. Kein Team. Punkt.

Teams brauchen Ziele

Teams brauchen Ziele. Erst dann wird aus der Gruppe ein Team. Das Ziel gibt dem Team seine Existenzberechtigung und seine Leistungsfähigkeit – nicht die oft zitierten Kuschelwerte Vertrauen, Teamgeist, gegenseitige Hilfe oder der „Wir haben uns alle lieb"-Ethos.

Trotzdem werden diese Pseudokriterien gebetsmühlenartig vorgeplappert, wenn die Frage gestellt wird: „Was macht ein Team aus?" Die korrekte Antwort lautet: ein gemeinsam akzeptiertes und verfolgtes Ziel.

Teams sind wie Pferde

Werden sie nicht am Zügel genommen, ziehen sie den Wagen nicht. Oder haben Sie schon mal einen Gaul gesehen, der sich selbst vor den Karren gespannt hätte? Die Eigendynamik eines Teams wirkt wie eine Zentrifugalkraft, die das Team immer wieder von seinem Ziel wegzieht. Erst wer das weiß, kann mit den berühmten vier Phasen der Teamentwicklung etwas anfangen.

Die Anwärmphase

In der Anwärmphase – so steht es im Lehrbuch – lernen die Teammitglieder ihre unterschiedlichen Erwartungen, Werte und Ziele kennen. Ich kenne viele Teams, die sich in dieser Phase befinden – seit Monaten oder gar Jahren!

Sie tauschen sich in jedem Meeting stundenlang über ihre divergierenden Ansichten aus, sie kuscheln wie die Lemminge – und genauso produktiv sind sie auch. Was nützt das schönste gegenseitige Verständnis, wenn wir nicht die Leistung bringen, die Kunden und Chef von uns erwarten?

Die Teammitglieder kuscheln, anstatt zu fragen: „Inwieweit bringt uns diese Wattebauschdiskussion unserem Ziel näher?“ Genau diese Frage stellt ein guter Teamleiter. So lange, bis auch beim Letzten der Groschen fällt und die divergierenden Meinungen auf das gemeinsame Ziel hin ausgerichtet werden.

Das heißt nicht, dass ein Teamleiter mit harter Hand führen soll. Das heißt lediglich, dass Kuscheln allein nicht reicht (wie leider nirgendwo im Leben). Vom Kuscheln allein erreicht man keine Ziele.

Die Kampfphase

Werden in der Anwärmphase die unterschiedlichen Ansichten und Meinungen deutlich, kommt es meist zum Kampf um die Hackordnung: Wer hat Recht? Wer hält zu wem? Wer kontrolliert wen? Welche Spielregeln gelten hier? Wer hat mehr zu sagen?

Greenhorns versuchen diese Phase zu unterbinden: „Hört auf, euch zu streiten! Lasst uns lieber die unterschiedlichen Ansichten klären.“ Auf deutsch: Lasst uns alle wieder in die Kuschelzone von Phase 1 zurückkehren, weil unser Teamleiter nicht Manns/Fraus genug ist, den Kampf aufzunehmen und klare Spielregeln aufzustellen. Spielregeln, die zielorientiert und nicht kuschelorientiert sind.

Höre ich an dieser Stelle etwa den Einwand, dass ich einer entmenschlichten, messerwetzenden Teamkultur das Wort reden würde? Einer Teamkultur, in der nicht mehr gekuschelt werden darf? Seltsamerweise kommt dieser Einwand meist nur von weichgespülten Sozialpädagogen. Einen Praktiker ficht das nicht an.

Oder kennen Sie ein zielorientiertes Team, in dem die Mitglieder sich mit dem Ellbogen traktieren? Das gibt es in der Praxis nicht. Umgekehrt wird ein Schuh daraus: Nicht wer kuschelt wie die Rollmöpse erreicht seine Ziele. Sondern: Wer sich als Gruppe einem gemeinsam akzeptierten Ziel verschreibt, der geht auch rücksichts- und respektvoll miteinander um. Weil sonst das Ziel nicht erreicht wird!

Die Organisationsphase

In dieser Phase geht's voll zur Sache: Wie erreichen wir unser Ziel? Natürlich hat jeder dazu seine eigene Vorstellung. Aufgabe des Teamleiters ist es, die Konfrontation weg von der Person und hin zur Sache zu bringen.

Das beste Trennmittel für verhakte Streithähne ist immer noch die Frage: „Inwieweit bringt uns Ihre Diskussion unserem Ziel näher?" Sie würden sich wundern, wie schnell nach dieser Frage – falls oft genug wiederholt – die Kampfhähne, vom Licht der Einsicht erhellt, voneinander ablassen. Denn im Grunde seines Herzens ist jeder Mensch zielorientiert. Man muss ihn lediglich wiederholt daran erinnern.

Die Teamphase

Erst wenn ein Team sich durch die vorangegangenen drei Phasen gekämpft hat, erreicht es die eigentliche Teamphase. Jetzt ist das Team eingespielt. Oder wie schon Seneca meinte: Per aspera ad astra. Durch allerlei Widerstände zu den Sternen. Mit Kuscheln erreicht man nicht wirklich was im Leben. Nicht einmal eine produktive und harmonische Teamkultur.

Heißt das, das Harmonie, Vertrauen und gegenseitiger Respekt in einem Team egal sind? Nein, im Gegenteil. Es heißt lediglich, dass Harmonie nicht einmal dann entsteht, wenn sie als Selbstzweck gesucht wird. Als Selbstzweck entsteht sie sogar am allerwenigsten. Wer Harmonie nur um der Harmonie willen pflegt, erlebt recht bald größte Disharmonie. Umgekehrt wird ein Schuh draus: Wenn Menschen sich um ein gemeinsames Ziel scharen, dann gehen sie automatisch viel harmonischer, vertrauens- und respektvoller miteinander um. Das Ziel funktioniert als Teamregulativ viel besser als der ständige Aufruf zu einem besseren Umgang untereinander.

Fazit

Beim Stichwort Teamentwicklung sollten wir wieder mehr an Ziele statt an Konfliktvermeidung denken. Oder anders formuliert: Teams brauchen Führung und zwar ständige Führung.

„Man muss oft etwas Tolles unternehmen,
nur um wieder eine Zeitlang leben zu können."
Goethe

12 Darf Arbeit Spaß machen?

Wer Spaß bei der Arbeit hat, spinnt!

Sitzen Sie gerade am Arbeitsplatz? Dann sprechen Sie mal den nächstbesten Kollegen an und sagen: „Die Arbeit macht heute wieder richtig Spaß!" Verrückte Idee? Warum? Weil jeder vernünftige Mensch nach so einer Äußerung damit rechnen muss, in die nächste Anstalt eingewiesen zu werden.

Wenn eine(r) bei der Arbeit Spaß hat, reagieren Vorgesetzte, Mitarbeiter, Kolleginnen, Kollegen und Kunden meist mit der Obelix-Reaktion: „Der spinnt doch! Der hat wohl nicht genug zu tun!" Arbeit macht doch keinen Spaß! Im Gegenteil. Arbeit *darf* überhaupt keinen Spaß machen.

Arbeit hat stressig zu sein. Sonst ist es ja keine Arbeit; nach dem Motto: „Boah, bin ich heute wieder voll im Stress!" Warum ist Stress so wichtig für uns? Weil wir daraus eine Wertigkeit ableiten: Wer Stress hat, ist wichtig und leistet viel. Wer ganz viel Stress hat, ist ganz wichtig und leistet ganz viel. Je gestresster einer ist, desto mehr Anerkennung erntet er. Leider zu einem hohen Preis.

Stress tötet

Nach ungefähr zehn Jahren Arbeitsstress sind die Stressfolgen selbst für den durchtrainierten Triathleten spürbar. Die meisten Menschen fühlen sich danach bei der Arbeit unzufrieden, ausgelaugt, frustriert, im Hamsterrad gefangen, fremdbestimmt, ständig urlaubsreif; ganz zu schweigen von den gesundheitlichen Beschädigungen.

Das historische Gegenbeispiel dazu ist Konrad Adenauer, unser großer Bundeskanzler (aus der Zeit, als Politiker noch Größe hatten): Er arbeitete in hohem Alter noch bis zu 17 Stunden am Tag ohne erkennbare Zeichen von Ermüdung, Stress oder auch nur Unlust. Von seinen verblüfften SekretärInnen, die viel schneller schlapp machten als der muntere Greis, nach dem Rezept seiner ewigen Jugend gefragt, soll er achselzuckend gesagt haben: „Ich weiß nicht, was ihr habt. Die Arbeit macht eben Spaß. Vom Saufen und Rauchen könnt ihr doch auch nie genug bekommen!"

Das Adenauer-Prinzip: Bei seinem Hobby hat keiner Stress.

Doch für die meisten von uns ist Arbeit eben kein Hobby und deshalb Stress. Stress, der krank macht: Kreuzschmerzen, Magenbeschwerden, Haarausfall, Schlafstörungen, schlechte Haut, Allergien, Gewichtszunahme, Kurzatmigkeit, Infektanfälligkeit, Burnout ... Wir alle kennen die Symptome von Stress bei der Arbeit.

Allein im letzten Jahr hatte ich die traurige Pflicht, zwei Coaching-Klienten aus dem Topmanagement, die sich einfach nicht aus dem Hamsterrad befreien konnten, in eine Burnout-Klinik zu überweisen. Auf diesem Hintergrund wiederhole ich die Frage:

Darf Arbeit Spaß machen?

Nein. Sie darf es nicht. Sie muss. Sofern wir geistig und körperlich gesund bleiben wollen. Sofern wir halbwegs zufrieden mit uns, der Welt und der Arbeit sein/bleiben/werden möchten. Denn ohne Spaß bei der Arbeit bleiben wir weder gesund noch zufrieden im Job.

Ich höre schon den Einwand: „Aber Arbeit kann doch nicht immer Spaß machen!“ Natürlich nicht. Nicht immer. Aber wenigstens teilweise, zeitweilig, immer mal wieder. Nicht immer, aber immer öfter. So oft wie nötig eben. Hand aufs Herz: Macht Ihre Arbeit Spaß? Gerade eben? Heute schon?

Neulich sagte eine Coaching-Klientin aus dem Lower Management: „Wenn wir nicht gerade auf Messe sind (circa sechsmal im Jahr), macht die Arbeit fast Spaß.“ Ich fragte sie, ob ihr das reiche. „Eigentlich nein“, sagte sie, „aber die Arbeit macht eben nicht öfter Spaß.“ Wenn Sie eine Arbeit haben, die mehr Spaß macht, meinen Glückwunsch. Für alle anderen gilt: Warten Sie nicht, bis die Arbeit (wieder) mehr Spaß macht.

Die Versuchung ist groß, einfach auf bessere Zeiten zu warten. Leider werden die Zeiten absehbar nicht spaßiger. Wer wieder (mehr) Spaß bei der Arbeit erleben möchte, halte sich an den Spruch:

Wer wartet, ändert nicht.

Wie bringen Sie wieder mehr Spaß in die Arbeit?

„I’m loving it!“

Spitzensportler sind ein hervorragendes Vorbild für Spaß-Management. Fritz Walter hat mal über eine Bundesliga-Begegnung erzählt: „Wir waren auf gegnerischem Platz, fünfzehntausend Fans gegen uns, kaum eigene Fans dabei, der Platz stand knöcheltief im Matsch, der Gegner haushoch überlegen, von der ersten Minute haben die Zuschauer uns ausgepfiffen und ich dachte mir: ‚Pfeift ihr nur! Für mich geht der Spaß jetzt richtig los!‘“

Ich weiß nicht, ob seine Mannschaft gewonnen hat. Ich weiß aber, dass der alte Fritz einen Höllenspaß hatte und ein phantastisches Spiel ablieferte, das ihn mit Stolz über seine Leistung und seine Gegner mit großem Respekt erfüllte. Warum?

Weil Spaß direkt in den ILZ, in den idealen Leistungszustand führt, wie der US-Sportpsychologe Dr. James Loehr herausgefunden hat. Wenn der Stress überhand nimmt, wenn die ... am Dampfen ist, wenn Ihnen alles bis hier steht, sagen Sie sich einfach mal – auch wenn es Ihnen geradezu hirnrissig erscheint, wahlweise:

- „I’m loving it!“
- „Ich liebe das!“
- „Was für ein Riesenspaß!“
- „Das wird ein Vergnügen!“
- „Jetzt wird’s lustig!“
- Oder wie Roy Scheider im Fliegenden Auge: „Da kommt Freude auf!“
- „Wir amüsieren uns prächtig!“

Sie spüren bereits eine leichte Wirkung? Das ist die Kraft der Self-Fulfilling Prophecy. Sie verändert nicht die Welt – aber Ihre Einstellung. Und diese verändert dann die Welt. Auch Spaß ist eine Einstellung. Eine der besten der Welt.

Reframen Sie!

„Aber diese Aufgabe ist wirklich kacke! Da gibt es auch kein Quäntchen Spaß dabei!", höre ich an dieser Stelle in Coaching oder Training. Dann erzähle ich gerne die Geschichte vom texanischen Sanitärinstallateur, der sich in Texas einen Namen als rettender Engel verstopfter Sickergruben gemacht hat.

Während andere Installateure bei verstopften Klärgruben unter Häusern, die nicht an die Kanalisation angeschlossen sind, wegen des bestialischen Gestanks panisch den Auftrag ablehnten, war er immer sofort zur Stelle. Waren seine olfaktorischen Sinne taub? Nein. Von einem Hauseigentümer, der mit tränenden Augen und einem Taschentuch vor der Nase zehn Meter neben dem verstopften Abflussrohr stand, danach gefragt, wie er denn diesen abartigen Gestank aushalten könne, prägte der Installateur die unsterblichen Worte: „Das stinkt nicht nach Kacke! Das riecht nach einem neuen Sofa fürs Wohnzimmer." Genial, nicht?

Wie schon im Talmud steht: „Die Dinge wirken nicht so auf uns, wie sie sind. Sondern so, wie wir sind." Der Installateur roch keine Sickergrube. Er dachte an sein neues, schönes Sofa, von dem er aus gemütlich sein Bier schlürfend die NBA auf dem Großbildschirm anschauen würde – von dem Geld gekauft, das er an der letzten Sickergrube verdient hatte! Wann immer er Sickergruben roch, roch er Geld. Nicht automatisch!

Das hatte er sich auch erst antrainiert. Und da sage noch einer, Geld stinke nicht! Geld stinkt ganz wunderbar!

> Die Frage ist nicht: Wie ist die Welt? Die Frage ist: Wie wollen Sie die Welt wahrnehmen?

Wählen Sie Ihre Sichtweise weise. Sie macht den Unterschied. Ach was, die Sichtweise kann man/frau wählen? Ja, das kommt für viele überraschend. Und viele andere üben dieses Wahlrecht nicht aus. Schade eigentlich. Da hat uns der Große Chefentwickler mit so einer phantastischen Software ausgestattet und wir clicken sie so selten an ...

Antreiber ausschalten!

Die meisten Menschen haben schon allein beim Gedanken an Spaß bei der Arbeit ein schlechtes Gewissen. Warum? Weil der innere Antreiber es ihnen nicht erlaubt, Spaß zu haben.

> Niemand kann Ihnen geben, was Sie sich selbst verbieten.

Deshalb bringt Internet-Surfen oder mit den Kollegen quatschen nicht den Spaß, den sich viele Gefrustete erhoffen. Selbst die drallsten Internetseiten bringen keinen Spaß, wenn der Antreiber im Hinterkopf jedes Vergnügen sabotiert. Daher: Geben Sie sich immer mal wieder explizit selbst die Erlaubnis, Spaß zu haben. Genehmigter Spaß ist sehr viel spaßiger als Spaß mit schlechtem Gewissen. Sagen Sie sich: „Das gönne ich mir jetzt!“, „Man gönnt sich ja sonst nichts“, „Weil ich’s mir wert bin“ oder typisch deutsch: „Spaß muss sein!“

Spaß-Management

Überlassen Sie den Spaß nicht dem Zufall, der Arbeit oder dem Chef. Managen Sie den Spaß aktiv. Was macht Ihnen Spaß? Welche Aufgaben? Welche Vorgehensweise? Streuen Sie solche Aufgaben und Vorgehensweisen regelmäßig ein. Mindestens immer dann, wenn Sie Spaß brauchen. Klinken Sie regelmäßig Spaßzeiten oder -tätigkeiten ein. Spaß ist eine viel zu ernste Sache, um sie dem Zufall oder anderen zu überlassen. Sorgen Sie selbst für Spaß. Wer sollte es sonst für Sie tun?

Transformation

Betätigen Sie sich als Transformational Leader in eigener Sache. Oder wie Ignatio Silone sagte:

> „Man sollte die Welt so nehmen, wie sie ist – aber nicht so lassen.“

Wenn Sie schon wieder eine sturzöde oder überfordernde Aufgabe anpacken müssen, fragen Sie sich:

- Wie könnte das ein wenig mehr Spaß machen?
- Wie müsste ich die Aufgabe anpacken, restrukturieren oder modifizieren, damit sie 10, 20 oder gar 100 Prozent mehr Spaß bringt?

Um diese Fragen beantworten zu können, müssen Sie sich selbst kennen; besser: Ihre Motivationsstruktur.

Was motiviert Sie? Wenn Sie solo oder im Team arbeiten können? Routinetätigkeiten oder Neulandaufgaben? Vorstrukturierte oder Aufgabenstellungen mit viel Freiraum? Und dann modifizieren Sie die Aufgabe so, dass sie Ihrer eigenen Motivationsstruktur wenigstens ein Stück weit näher kommt.

Dissoziation

Wenn's gar zu dick kommt, ist der Spaß schnell futsch. Warum? Weil der Stress einfach zu groß ist? Nein, weil der Abstand zu gering ist. Wenn Sie merken, Sie rutschen in die Stressschleife: Verschaffen Sie sich Abstand! Entweder körperlich: Aufstehen, raus und eine Runde um den Block. Oder mental: Schalten Sie die Deckenkamera an und beobachten Sie sich selbst von oben. Der Stress lässt augenblicklich nach.

Relativierung

Wenn Sie mal wieder jeden Spaß an der Arbeit zu verlieren drohen, fragen Sie sich:

- Wie werde ich in fünf Jahren über dieses Problem denken?
- Wie wichtig ist das Problem im Vergleich zu einer schweren Erkrankung eines meiner Kinder, des Beziehungspartners oder eines Elternteils?
- Wie wichtig im Vergleich zu meinen Lebensträumen? Wenn ich zum Beispiel mit 50 ein Haus in Spanien haben möchte – und mir das innerlich auch deutlich sage – dann stresst mich ein Anraunzer vom Chef schon viel weniger.

Der Weg des Weisen

Weil das Spaßproblem so alt ist wie die Menschheit, sind die besten Spaßrezepte uralt. Das Rezept der Achtsamkeit stammt aus dem Buddhismus. Stress wird nämlich nicht durch eine äußere Bedrohung verursacht. Der äußerer Reiz ist lediglich der Auslöser. Ursache für den Stress sind eher zukunftsgerichtete Gedanken wie „Was könnte das jetzt für mich heißen?“ oder vergangenheitsgerichtete Gedanken wie „Ach, früher war das alles besser!“

Nicht die Welt, sondern der ruhelose Geist macht den Stress. Wer es schafft, seinen Geist zurück aus Vergangenheit oder Zukunft wieder in die Gegenwart zu holen, wird ein seltsames Phänomen erleben: Gelassenheit, heitere Gelöstheit, tief empfundener Spaß, Belustigung, Erheiterung, Befreiung oder einfach nur absolute Geistesruhe. Wie gelingt das? Indem Sie sich auf genau das konzentrieren, was Sie gerade tun.

Lesen zum Beispiel. Konzentrieren Sie sich auf jeden einzelnen Buchstaben, jedes Komma, jeden einzelnen Gedanken, hören Sie die Stimme in Ihrem Kopf, die den Text für Sie liest (falls vorhanden – die Stimme, nicht der Kopf), fühlen Sie Ihren Körper, wie er sich an den Stuhl lehnt ... Wo waren Sie gerade? In Trance. Das Gegenteil von Stress.

Wer achtsam ist, erlebt keinen Stress.

Jetzt müssen wir also nicht nur arbeiten, sondern auch noch eigenständig für den nötigen Spaß bei der Arbeit sorgen? Ja. In diesen harten Zeiten ist Spaß kein Luxus, sondern Notwehr. Je weniger Sie zu lachen haben, desto mehr sollten Sie selbst für den nötigen Spaß sorgen. Das ist Mentalhygiene. Händewaschen kann Ihnen auch keiner abnehmen ...

Im übrigen ist Spaß-Management nur in den ersten Tagen eine Zusatzbelastung – eben weil es ungewohnt ist. Weil das Ganze jedoch so viel Spaß macht, fällt es mit der Zeit immer leichter.

In diesem Sinne: Viel Spaß bei der Arbeit.

„Ein Leben in Angst ist nur ein halbes Leben."
spanisches Sprichwort

13 Das Atlas-Prinzip

Sklavenbefreiung

Das vorangegangene Kapitel löste, als es im Newsletter veröffentlicht wurde, eine heftige Diskussion aus. Auf der einen Seite der Kontroverse standen LeserInnen, die ganz selbstverständlich sagten: „Natürlich muss Arbeit Spaß machen! Das hält doch sonst kein Mensch aus. Meine Arbeit macht mir jedenfalls Spaß." Auf der anderen Seite des Meinungsspektrums standen jene, die sagten: „Job ist Job und Schnaps ist Schnaps. Ich brauche den Job, um Geld zu verdienen. Spaß habe ich in meiner Freizeit." So seltsam das klingt: Beide Gruppen scheinen glücklich mit ihrer Auffassung von Arbeit zu sein. Ein Problem haben hingegen jene, die in der Mitte hängen.

Don't stay in the middle!

Die in der Mitte klagen: „Meine Arbeit macht mir nicht sonderlich Spaß! Aber ich hätte gerne welchen! Geht das denn? Ist das erlaubt? Was sagt mein Chef dazu, wenn ich plötzlich Spaß bei der Arbeit habe? Ist das nicht unanständig? Sinkt dann nicht meine Leistung?" Ist das nicht allerliebst? Wir wissen, wie man Menschen zum Mond schießt. Wir wissen, wie man das Atom spaltet. Wir wissen aber nicht, wie Arbeit und Spaß zusammen passen.

Dazu fällt mir die Geschichte einer Managerin ein, die zur Bereichsleiterin in ihrem Konzern befördert wurde. Zwei Monate nach der Beförderung sagte sie ihrer Mentorin – glücklicherweise hat sie eine: „Ich weiß nicht, aber der Job ist nicht wirklich so, wie ich ihn mir vorgestellt hatte." Die Mentorin antwortete ihr darauf: „Meine Liebe. Kein Job der Welt ist so, wie Sie ihn sich vorstellen. Jobs sind nie so wie sie sind. Jobs sind so, wie Sie sie *machen*!" Die Mentee guckte groß. In diesem Moment hatte sie den Sinn des Lebens begriffen.

Der Sinn des Lebens

Wir alle erwarten. Wir erwarten, dass der Märchenprinz uns von den Füßen holt und auf sein Schloss schleppt oder das Titelmodel aus Veronica's Secret die Jaguartür neben uns aufmacht und uns reinbittet. Dass der neue Job gut bezahlt ist und Spaß macht. Dass unser Chef endlich mal unsere Leistung gebührend anerkennt. Selbst Goethe litt unter übersteigerter Erwartungshaltung als er schrieb: „Edel sei der Mensch, hilfreich und gut." Schön wär's ja. Aber er ist es nicht.

Es spielt weniger eine Rolle, ob wir von unserer Arbeit Spaß erwarten oder dicke Knete, nette Kollegen oder gutes Klima, persönliche Entwicklung oder profane Karriere. Darauf kommt es nicht an. Es kommt allein drauf an, was wir draus machen.

> Erwarten kommt von warten. Und wer wartet, tut nichts.

Ich kenne jede Menge Menschen, die mehr Spaß, mehr Erfüllung, mehr interessante Themen, mehr Kohle von ihrer Arbeit (dem Partner, den Kindern, den Kollegen, den Kunden, ...) erwarten – aber herzlich wenig dafür tun.

Der Unterschied zwischen einem fremdbestimmten und einem autonomen Leben ist nicht, was wir uns alles wünschen. Sondern was wir dafür tun. Trivial? Mit 20 ja, mit 40 nein. Wer mit 20 gerne mehr Spaß bei der Arbeit hätte, aber nicht bekommt, der empfindet das höchstens als Nadelstich. Wer mit 40 immer noch nicht bekommt, was er sich tief drinnen wünscht, ist schlicht und ergreifend auf eine abgrundtiefe und von einem jungen Menschen in seinen schlimmsten Alpträumen nicht nachzuvollziehende Weise krank. Entweder psychisch oder somatisch (meist beides). Kein Mensch hält es so lange aus, seine ureigensten Bedürfnisse zu verleugnen. Oder wie ein Psychologe das mal sagte: „Keine Seele kann so lange ohne Luft leben!"

Job 1, Job 2

Haben Sie einen Job? Nein. Sie haben zwei. Ihren eigentlichen Job und den Job, den Job zu dem zu machen, was wichtig für Sie ist und was Sie nicht einen Tag länger verleugnen sollten.

Erfolg in Job 2 ist ganz unterschiedlich verteilt. Auf der einen Seite des Spektrums stehen die Menschen, die mich fragen: „Spaß (Erfüllung, persönliches Wachstum, Zufriedenheit, Gesundheit, fachliche Weiterentwicklung, ...) bei der Arbeit? Ja ist das denn möglich?" Das sind jene Menschen, deren Zustand die Organisationspsychologen wenig barmherzig mit „erlernter Hilflosigkeit" bezeichnen.

Auf der anderen Seite des Spektrums befinden sich Menschen, die mir berichten: „Heute hatte ich schon fünf Minuten mehr Spaß (persönliche Befriedigung, interessante Themen, ...) bei der Arbeit als gestern. Und morgen will ich noch fünf Minuten mehr!"

Das sind die Menschen, die sich wie Atlas aus der griechischen Mythologie verhalten: Sie tragen ihre Welt selbst, auf ihren eigenen Schultern – und bürden sie nicht Fremden auf, von denen sie dann erwarten, dass sie die ganze Bürde der Erwartungen tragen. Sie schultern sie nicht Vorgesetzten, Partnern, dem Staat oder anderen Erfüllungsgehilfen auf. Denn sie haben eines begriffen: Bestimmte Dinge sind nicht delegierbar. Leben, zum Beispiel.

Das ist nicht leicht. Das „richtige", sprich eigene Leben ist ein zäher Kampf gegen den inneren Schweinehund, gegen verständnislose Vorgesetzte („Das soll keinen Spaß machen! Das ist schließlich Arbeit!"), gegen wenig solidarische Kollegen und kaum Support in der eigenen Familie. Doch es ist ein Kampf, der sich immens lohnt, weil er Antwort auf die Fragen des Lebens gibt: Hat Ihr Leben einen Sinn? Wessen Leben leben Sie? Das Ihres Chefs, Ihres Beziehungspartners oder der gesellschaftlichen Erwartungen?

Oder Ihr eigenes?

„Jährlich sterben Hunderte Tier- und Pflanzenarten aus. Warum sollte der Mensch von der Evolution ausgenommen sein?“
Evolutions-Biologe

14 Das Saurier-Syndrom

Wie lernfähig ist der Mensch?

Wie lange macht es die menschliche Rasse noch? Wird es Ihr Unternehmen in fünf Jahren noch geben? Werden Sie in zwei Jahren noch einen Job haben? Werden Sie glücklich damit sein? Und erfolgreich? Was hat das alles mit den Sauriern zu tun?

Man weiß es bis heute nicht genau. Doch egal, ob es ein Klimawandel, eine Eiszeit oder schlicht die Evolution war: Die Biologen sind sich darin einig, dass die Saurier ausstarben, weil sie sich im Gegensatz zu anderen Spezies nicht schnell genug an eine sich ändernde Umwelt anpassen konnten.

Man könnte es auch so ausdrücken: Die Saurier hatten ein Lernproblem. Wie wir.

Der Saurier in uns

Neulich wurde ich in ein Dienstleistungsunternehmen gerufen, das die Zeichen der Zeit erkannt hat: Geiz ist out. Die Marktforschung hatte in Zusammenarbeit mit einer deutschen Hochschule ganz klar herausgefunden: Kunden halten den Preis zwar für wichtig. Doch er rangiert nur auf dem zweiten Platz.

Viel wichtiger für Kunden sind Service und Kundenorientierung. Service aber können die Beduinen in der Servicewüste Deutschland nicht.

Also nahm das Unternehmen richtig viel Geld in die Hand, um seine Beduinen so fit zu machen, dass sie von sich aus auf Interessenten zugehen, sie gewinnen und als Kunden aufbauen und pflegen können. Mehrere mehrtägige Trainingsmodule wurden gehalten. Die Teilnehmer waren begeistert. Einer sagte mir: „Tolles Training. Ich habe meine Angst vor der Akquise verloren. Ich glaube nur nicht, dass das was nützt. Ich komme zur Zeit einfach nicht zur Akquise, weil wir mitten in einer Reorganisation stecken. Ich ertrinke in administrativem Papierkram.“ Ist das zu glauben?

Wahnsinn mit Methode

Da gibt das Unternehmen rund 30 000 Euro für ein Training aus, das absolut nichts bringt! Dabei sind die 30 000 Euro noch Peanuts im Vergleich zu dem existenziellen Schaden: Der direkte Mitbewerber hat seinerseits eine Service-Offensive gestartet und droht nun, das Unternehmen vom Markt zu fegen. Was tut das Unternehmen? Wehrt es sich mannhaft gegen die Attacke? Nein, es reorganisiert intern, während ihm draußen im Markt die Felle davon schwimmen. Unglücklicher Zufall?

Nein, Methode. 80 bis 90 Prozent aller Trainings sind rausgeworfenes Geld, weil der Teilnehmer im Training zwar A lernt,

- danach aber überhaupt keine Zeit für A hat!
- sein direkter Vorgesetzter nach dem Training jedoch sagt: „Mach B!“

- aber für A gibt's keine etablierten Prozesse im Unternehmen!
- aber A provoziert einen mächtigen Bereichsfürsten!
- jedoch seine Schnittstellen weiterhin B machen!
- aber eigentlich müsste sein Vorgesetzter A lernen!

Ihnen fallen auf Anhieb fünf weitere Transferhemmnisse ein, die Trainings wirkungslos machen? Ja, da kennen wir uns alle aus. Wir alle wissen nur zu gut, was uns zu Sauriern macht und auf die Liste der bedrohten Tierarten bringt. Können Sie sich vorstellen, wie viele Millionen Euro allein in Deutschland jährlich für Trainings rausgeworfen werden, die nichts bringen? Kein Wunder trifft der Rotstift immer erst die Weiterbildung, wenn das Geld knapp wird: Das Trainingsbudget ist sowieso zum Großteil rausgeworfenes Geld!

Einmal ganz vom Geld abgesehen: Wir sind die Saurier. Große Teile der Wirtschaft und der Gesellschaft sind offensichtlich zu dumm dazu, sich an veränderte Gegebenheiten anzupassen. Wir konzipieren zwar Trainings, wir drücken die Schulbank, wir lernen jede Menge dazu – doch wir wenden das Wissen nicht an, weil wir keine Zeit dazu haben oder ein Vorgesetzter sagt: „Ihr habt A gelernt? Bullshit! Wir machen hier immer noch B!" So spricht der Brontosaurus.

Das System gewinnt immer

Warum erreichen selbst die teuersten und besten Trainings oft weniger als nichts? Weil sie vom System abgeschossen werden.

Sie können den besten, teuersten Trainer der Welt engagieren: Dieser wird nichts erreichen, wenn das System gegen ihn arbeitet. Das System ist immer mächtiger als jeder Einzelne, jedes Training. Und das System wird jedes Training wie einen Bazillus abstoßen, das nicht – und das ist das Zauberwort – systemverträglich ist.

Systemverträgliche Weiterbildung

Glücklicherweise schrieb das Beispielunternehmen die erwähnten 30 000 Euro nicht ab wie viele andere Unternehmen das täglich tun. Es zitierte seinen Chef-Personalentwickler zu sich und trat ihm gehörig in den Hintern: „Wie könnt ihr ein Training konzipieren, das nix bringt?“

Der PE’ler war nicht aufs Maul gefallen: „Ich kann Trainings konzipieren – aber ich kann sie nicht mit strategischen Vorstandsprojekten wie der Reorganisation koordinieren! Dazu fehlt mir die Zuständigkeit. Das muss ein übergeordneter Koordinator tun!“

Weil niemand einen solchen so schnell aus dem Hut zaubern konnte, sprang ich ein. Wir handelten mit dem Vorstand ein aktionsfreies Zeitfenster aus. Wir legten mit den Teilnehmern die Service-Offensive auf Eis und starteten bis zum Eintreffen des Zeitfensters kleine Pilotprojekte, anhand deren die „ruhenden“ Teilnehmer lernen konnten.

Kurz: Wir betteten das Training so ins System ein, dass es vom System nicht mehr wie ein Grippevirus abgestoßen, sondern integriert wurde.

Als das Zeitfenster gekommen war, legten wir los – und schnappten dem direkten Mitbewerber zehn Prozent seines Marktanteils weg. Das hatte in der Branche noch keiner geschafft. Warum schafften wir es?

Niemand braucht ein Seminar

- Unternehmen brauchen keine Seminare, sondern Lösungen.
- Es muss nicht trainiert werden, es muss was verändert werden!
- Fragen Sie keinen Trainer, was Sie brauchen. Denn seine Antwort wird „Training" sein. Wer nur einen Hammer hat, für den sieht alles wie ein Nagel aus.
- Jede Lösung muss vorne und hinten in die vorhandenen Strukturen, Prozesse und laufenden Projekte eingepasst werden: Sie muss systemverträglich gemacht werden.
- Mit der systemverträglichen Einpassung sind bloße Trainer in der Regel überfordert. Diese Aufgabe muss ein Prozessberater übernehmen.
- Auch alle Schnittstellen und Vorgesetzten müssen informiert, mittrainiert oder gecoacht werden.
- In den meisten Fällen fällt das geplante Seminar aus: Weil es nicht um Seminare geht, sondern um Lösungen. Und nur selten ist ein Seminar die Lösung.

Oft ist kein Training das beste Training

Vor einiger Zeit wurde ich zu einem Maschinenbauer gerufen, der für seine Vertriebsingenieure ein Training in Claims Management bestellt hatte. Seine Verkäufer gaben horrende Rabatte und gestatteten Kunden teure Sonderwünsche, die die Rendite ruinierten. Sie konnten die Claims (Ansprüche) des Unternehmens also nicht schützen.

Was mich stutzig machte: Der Maschinenbauer hatte vor mir schon drei andere Trainer verschlissen. Waren die Verkäufer etwa trainingsresistent? Ich sprach mit einigen von ihnen, sprach mit PE'lern, Kunden, Bereichs- und Abteilungsleitern: Die Vertriebsingenieure konnten offensichtlich fast alle tadellos und knüppelhart verhandeln! Warum ließen sie sich dann von den Kunden ausnehmen wie die Weihnachtsgänse?

Weil ihr Lieblingsvorstand – nicht der Vertriebsvorstand! – bei jeder Gelegenheit betonte, wie wichtig Kundenbindung sei. Und die Vertriebsingenieure interpretierten das als: „Gib Rabatt, bis dir die Nase blutet!" Als ich das herausgefunden hatte, hatte der Chef-PE'ler fast einen Anfall: „Mensch! Und wir schmeißen seit Jahren Unsummen für Trainings raus! Jetzt ist mir klar, warum Trainings nichts bringen!"

Auch mir hatte der Maschinenbauer ein Budget von 20 000 Euro genehmigt – für ein Training! Ich kam gerade mal mit einem Drittel aus. Denn am Ende machten wir kein Training, sondern einen Halbtags-Workshop mit dem Lieblingsvorstand und allen Verkäufern.

Dabei erklärte der Vorstand, dass er mit Kundenpflege niemals Rabatt bis zum Nasenbluten gemeint hatte, sondern Auftragsmargen, von denen Kunde und Unternehmen was haben. Bei den Verkäufern fiel der Groschen: „Mensch, warum hat uns das vorher keiner gesagt?“ Weil alle dachten, ihr braucht ein Claims-Training!

Die Bilanz

Hinterher war der Vorstandsvorsitzende stinksauer: „Wenn Sie nicht auf die Idee gekommen wären, den Sherlock Holmes zu spielen, hätten wir bis zum jüngsten Tag Geld für Claims-Trainings rausgeworfen!“ Schlimmer noch: „Wenn Sie auch bloß ein weiterer Trainer wären, hätten Sie uns auch bloß ein weiteres Training verkauft!“

Dabei war mein eingespartes Trainingshonorar noch der kleinste geldwerte Vorteil. Weil die Verkäufer nach dem Workshop quasi über Nacht mit Rabattgehabe bis zum Nasenbluten aufhörten, halbierte sich die Rabattquote und die Rendite schoss bei gleichbleibendem Umsatz innerhalb eines Quartals in die Stratosphäre. Der Vertriebsvorstand kommentierte: „Das war das schnellste Change-Projekt, das ich jemals gesehen habe!“ Warum? Weil wir nicht trainierten, sondern veränderten.

Der Hund in der Pfanne

Da wird der Hund in der Pfanne verrückt: Der Maschinenbauer gab weniger Geld für ein Training aus, erreichte damit aber mehr als mit allen vorigen Trainingsbudgets zusammen gezählt! Das ist meiner Erfahrung nach immer so: Je härter die Nuss, desto falscher das Training. Wo haben Sie eine harte

Nuss, ein trainingsresistentes Problem oder auch nur ein Vorhaben, das zu langsam läuft? Ich wette, es steckt ein Fall von nicht-systemverträglicher Veränderung dahinter.

Jeder Depp kann ein Training konzipieren, abhalten oder besuchen. Ich kann auch einen Affen ins Seminar setzen. Auch der lernt sicher was dazu. Ob er es nach dem Seminar umsetzt, ist dagegen eine andere Frage.

Wir müssen endlich damit aufhören, bei jedem kleinen Problem sofort nach einem Training zu rufen. Trainings lösen keine Probleme. Lösungen lösen Probleme. Also sollten wir nicht nach Trainings, sondern nach Lösungen suchen. Darauf scheint seltsamerweise bis heute noch kaum einer gekommen zu sein. Deshalb haben die Unternehmen, die wir beraten, auch oft so einen unerklärlichen Erfolg. Wir machen kaum Trainings – und trotzdem hängen unsere Unternehmenskunden ihre Mitbewerber ab. Trotzdem? Nein, gerade deshalb.

„Verständnis motiviert mehr
als jede Prämie – und ist billiger!“
Torsten Ruhling, Bereichsleiter

15 Null-Bock-Belegschaft

Lustlose Mitarbeiter

„Meine Mitarbeiter haben einfach keine Lust mehr!“ Ständig höre ich diese Klage in Führungsseminaren. Wie lustlos sind Ihre Mitarbeiter?

Während die Herausforderungen für Führungskräfte immer größer, der Leistungsdruck immer schlimmer wird, winkt ein stetig wachsender Anteil der Mitarbeiter schon beim ersten Anzeichen von Veränderungen oder größeren Aufgaben prophylaktisch ab, motzt, zögert, zaudert und trägt Bedenken wie ein Banner vor sich her.

Überall findet die Führungskraft Bedenkenträger, Aussitzer, Nörgler und Saboteure. Das ist ärgerlich, stressig und vor allem gefährlich für die eigene Karriere: Wie soll man(ager) mit solchen Defätisten die eigenen Leistungsziele erreichen?

Die Neandertaler-Reaktion

Was tun Führungskräfte, wenn Mitarbeiter mauern? Die meisten reagieren spontan: Noch stärker überzeugen! Oder: Hart durchgreifen! Das ist eine Art Neandertaler-Reaktion: Ich werde angegriffen? Drauflegen, überzeugen, zurückschlagen! Wirkt das?

Sicher haben Sie schon bemerkt, dass weder Insistieren, Motivieren noch Durchgreifen den gewünschten Erfolg bringen, wenn Mitarbeiter lustlos in den Seilen hängen. Wenn der Chef überzeugt, motiviert oder hart durchgreift, stellen vier von fünf Mitarbeitern einfach auf Durchzug oder sagen „Jaja" und machen ihre Arbeit lustlos und halbherzig. Warum setzen viele Führungskräfte dann immer noch auf die Überzeugungskarte? Weil der Neandertaler-Reflex tief sitzt, ganz tief im Stammhirn.

Seit Zehntausenden von Jahren schützt dieser Draufhau-Reflex den Menschen davor, vom Säbelzahntiger verfrühstückt zu werden. Leider gibt es heute keine Säbelzahntiger mehr. Deshalb ist der Neandertaler-Reflex im Business zwar verbreitet, aber ziemlich wirkungslos.

Solange Sie mit der Neandertaler-Reaktion arbeiten, kriegen Sie Ihre Mitarbeiter nicht aus der Lustlosigkeit heraus. Denn je heftiger Sie draufschlagen oder sie zu überzeugen versuchen, desto heftiger werden die Mitarbeiter mauern: Actio = Reactio.

Ich erschrecke manchmal, wenn ich sehe, dass selbst hochintelligente Menschen immer wieder dem Neandertaler-Reflex auf den Leim gehen. Wie werden Sie den Reflex los?

Schritt 1: Erkennen statt ärgern!

Auch hier ist Einsicht der erste Schritt zur Besserung. Einsicht in die Beweggründe der Mitarbeiter: Wenn Mitarbeiter mauern, dann nicht, weil sie Ihnen eins auswischen oder nicht mitmachen wollen – sondern weil sie die Hosen voll haben!

Wenn Mitarbeiter mauern, dann nicht, weil sie Ihnen auf die Nerven gehen oder Ihre Vorhaben torpedieren wollen. Sondern weil ihnen etwas fehlt: Trost, Zuwendung, Zuversicht, Skills, Unterstützung, Coaching, Eigenverantwortung, Ressourcen, Hilfsmittel, …

Mitarbeiter sind nur leider nicht immer in der Lage, diese Bedürfnisse zu äußern. Sie sagen nicht: „Chef, das trauen wir uns nicht zu!“ Oder: „Dafür brauchen wir aber erst mal ein anständiges Training!“ Sie sagen statt dessen lustlos: „Was soll der Scheiß?“, „Das hat doch noch nie funktioniert!“, „Dafür haben wir nicht die Zeit!“ Deshalb hilft es nicht, wenn Führungskräfte ihre Mitarbeiter zutexten oder hart durchgreifen: Das ist nicht das, was der Mitarbeiter „nachfragt“. Was fragt der Mitarbeiter denn nach? Finden Sie es heraus.

Schritt 2: Nachfragen!

Anstatt draufzuhauen: Finden Sie heraus, welche tieferliegenden Bedürfnisse sich hinter dem profanen Gemotze von Mitarbeitern verstecken. Wie? Durch die einfachste aller Fragen: „Wie meinen Sie das?“ Diese Frage wiederholen Sie so lange, bis Sie verstanden haben, was den Mitarbeiter mauern lässt.

Unerfahrene Führungskräfte wenden oft ein: „Die Zeit habe ich doch gar nicht, dem Mitarbeiter so genau auf den Zahn zu fühlen!“ Glücklicherweise sitzt in jedem Führungstraining mindestens eine erfahrene Führungskraft, die dem Greenhorn erwidert: „Das kostet keine Zeit, verehrter Kollege. Das spart welche. Wenn Sie den Mitarbeiter kurz zutexten und er deshalb noch mehr Widerstand entwickelt, kostet Sie das die zehnfache Zeit!“

Oder wie die Chinesen sagen: „Hast du es eilig, mach einen Umweg. Das bringt dich im Endeffekt schneller zum Ziel!“ Fragen Sie so lange nach, bis Ihnen die Lustlosigkeit des Mitarbeiters völlig klar ist.

Und dann sagen Sie dem Mitarbeiter, wie er seine Bedenken loswird! Richtig? Falsch. Wenn Sie das tun, entwickelt der Mitarbeiter nur noch mehr Widerstand. Weil ihm der Chef ein Bedürfnis ausreden möchte. Da würden doch auch Sie sich auf die Hinterbeine stellen, oder?

Schritt 3: Verständnis zeigen!

> 80 Prozent der Lustlosigkeit lösen sich allein dadurch auf, dass Sie Verständnis zeigen.

Wenn Sie sich diesen Satz an die Wand hängen, werden Sie binnen Tagen eine wesentlich bessere, beliebtere und vor allem effektivere Führungskraft werden. Das leuchtet jedem ein. Warum tun es dann so verdammt wenige Führungskräfte?

Weil: „Wenn der Mitarbeiter mauert, kann ich ihm doch nicht Recht geben!“ Muss man sich mal vorstellen. Da verdient einer ein sechsstelliges Jahresgehalt, verwechselt aber immer noch Rechtgeben mit Verständnis. Wahnsinn. Pisa-Probleme im Management. Um den Unterschied klarzumachen:

- Rechtgeben: „Sie haben Recht: Sie haben gar nicht die Zeit, sich um das neue Projekt zu kümmern.“
- Verständnis: „Ich weiß, dass Sie gerade viel zu tun haben. Und dann komme ich auch noch mit einem neuen Projekt. Dass Sie das wenig begeistert, kann ich vollkommen verstehen.“

Wenn Sie daraufhin bei Ihrem Mitarbeiter ein hörbares Ausatmen und sichtbar fallende Schultern entdecken (falls Sie tatsächlich so gut sind, auf die Körpersprache Ihres Gegenübers zu achten), dann werden Sie mit dem Gefühl tiefster Befriedigung feststellen: Wieder einmal hat schlichtes, kostenloses und zeitsparendes Verständnis die Bedenken eines Mitarbeiters auf völlig unspektakuläre aber umso wirkungsvollere Weise in Wohlgefallen aufgelöst.

Der Mitarbeiter fühlt sich verstanden. Wer sich verstanden fühlt, hat keinen Grund, Widerstand zu demonstrieren. Und dann zeigen Sie dem Mitarbeiter, wie er durch geschicktes Time Management doch noch Zeit für Ihr neues Projekt freischaufelt. Richtig? Falsch.

Schritt 4: Weiterfragen!

Der Mitarbeiter hat nicht nur einen Einwand. Er hat einige. Also sammeln Sie erst einmal alle anfallenden Bedenken – sonst mauert der Mitarbeiter immer weiter! Fragen Sie: „Gibt es sonst noch etwas, das gegen … (z.B. unser neues Projekt) spricht?“

Das ist allerdings revolutionär. Ich habe erwachsene Männer erlebt, die bei dieser Frage Schweißausbrüche bekamen. Warum? Weil sie Schiss davor haben, mit anhören zu müssen, was der Mitarbeiter alles an ihrem schönen neuen Projekt auszusetzen hat! Das erscheint Ihnen ziemlich schwach? Nun seien Sie mal nicht so hart mit Ihren KollegInnen. Wir alle fühlen uns angreifbar, wenn wir anderen einen Vorschlag machen.

Dieses unschöne Gefühl verschwindet sofort, wenn Sie sich klarmachen: Sie sollen gar nicht mit dem Mitarbeiter über Ihre

Idee streiten, sich rechtfertigen. Das will der Mitarbeiter auch gar nicht! Er will bloß, dass Sie ihn wie einen Menschen behandeln und auch seine Meinung gelten lassen. Er möchte, dass Sie ihm Verständnis zeigen.

Und genau das tun Sie mit jedem Einwand, den der Mitarbeiter auf Ihr Nachfragen hin vorbringt:

- Sie legen das spontan aufsteigende Gefühl des Angegriffenwerdens bewusst beiseite.
- Sie frischen Ihre Einstellung auf: „Der Mitarbeiter will damit nicht meine Idee kaputt schießen. Er will mir damit etwas sagen!“
- Sie fragen nach: „Wie meinen Sie das?“
- Sie zeigen Verständnis: „Das verstehe ich gut. Das neue Projekt ist ja wirklich ziemlich aufwändig.“
- Sie fragen weiter nach. Bis nichts mehr nachkommt.

Extreme Episode

Neulich rief mich ein Bereichsleiter an, der ein Modelling seines besten Abteilungsleiters in Auftrag gab: „Der Mann zieht jedes Projekt dreimal so schnell und erfolgreich durch wie alle anderen meiner Manager. Wie macht der das? Finden Sie es heraus und bringen Sie es allen anderen bei!“

Natürlich macht der Vorzeigemanager vieles anders, besser. Eines stach jedoch heraus: Die Lustlosigkeit seiner Mitarbeiter lag fast bei Null. Und das liegt nicht an den (besseren) Mitarbeitern. Als ich ihn beim Start eines neuen Projektes begleitete, löste seine Projektankündigung genau dieselbe Lustlosigkeit, Widerstände und dummen Sprüche aus wie in allen anderen

Abteilungen auch. Zum Beispiel: „Dafür haben wir doch nicht auch noch Zeit!“ Darauf

- erwiderten die anderen Abteilungsleiter: „Das müssen wir eben auch noch irgendwie unterbringen!“
- erwiderte der Vorzeigemanager: „Ja, klar, logisch. Mir geht's doch nicht anders!“

Das machte er mit jedem verdammten Einwand seiner Mitarbeiter: Er verstand ihn einfach. Danach gaben die Mitarbeiter Ruhe und redeten von sich aus über Lösungen. In den anderen Abteilungen stritten sie stundenlang mit den Vorgesetzten. Nicht, weil sie gegen das Projekt gewesen wären. Sondern weil die Vorgesetzten ihnen das Verständnis verweigerten! Wir erkennen daran:

Lustlosigkeit der Mitarbeiter kommt weniger von den Mitarbeitern, eher von der Verständnisverweigerung des Vorgesetzten!

Schritt 5: Vorschlagen lassen!

Aber jetzt dürfen Sie dem Mitarbeiter endlich sagen, wie er seine Lustlosigkeit überwinden kann, oder? Sicher. Wenn Sie möchten, dass seine alten Bedenken mit neuer Wucht ausbrechen. Merke: Ein Vorschlag vom Chef ist wie Jauche gurgeln – das löst immer Brechreiz aus. Und Brechreiz wollen Sie nicht auslösen.

Sie wollen Engagement auslösen. Wie wollen Sie Engagement auslösen, wenn Sie den Mitarbeiter nicht engagieren? Engagieren Sie ihn: „Was schlagen Sie vor? Wie können wir das Problem lösen? Was würde Ihre Bedenken zerstreuen? Wann könnten Sie sich voll für das neue Projekt engagieren?“ Ab diesem Punkt ist der Mitarbeiter kein Maurer mehr, sondern wieder ein Mit-Arbeiter; er arbeitet wieder mit. Indem er mit Ihnen zusammen an Lösungen feilt.

Chef und Mitarbeiter feilen zusammen an Lösungen? Warum ist das so selten? Weil viele Chefs immer noch das Kaiser-Wilhelm-Dogma im Kopf haben: „Der Kaiser hat immer recht. Der Kaiser sagt, wo's langgeht. Der Untertan hat gefälligst zu spuren!“ Hätten wir das nicht alle gern? Doch leider leben wir nicht mehr in einer Monarchie. Wir haben Mitarbeiter, die Bedenken haben. Die wollen kein kaiserliches Edikt, sondern Verständnis. Das ist lästig! Andererseits ist es ziemlich billig. Oder wie ein Vorstandsmitglied mal sagte: „Was wollen die von mir? Verständnis? Wenn's nur das ist! Das kann ich jederzeit geben. Das kost' mich ja nix!“ Kluger Mann.

Wenn Sie jeden Widerstand des Mitarbeiters fragend herauskitzeln und mit Verständnis würdigen, ist sein Widerstand schnell überwunden. Es geht voran. Das nennt man auch Change Management. Nur die wenigsten Führungskräfte sind dazu in der Lage. Warum? Weil die Technik zu einfach ist.

Einfach aber wirksam

Die eben skizzierte Bedenkenbehandlung ist so simpel, dass es Ihnen in der Praxis kaum auffallen wird, wenn eine Führungskraft sie einsetzt. Glücklicherweise wird Ihnen das selten passieren. Denn selbst Vorstandsmitglieder mit siebenstelligem Jahresgehalt tun sich rasend schwer mit dieser supersimplen Technik. Warum?

Weil sie so ungewöhnlich ist, dass wir sie noch nicht einmal im privaten Kontext anwenden. Darauf gehen übrigens 90 Prozent der Beziehungs- und Familienkonflikte zurück: Wir knüppeln sofort verbal auf jeden ein, der uns nicht mit Anlauf zustimmt. Wir hören ihm nicht zu, wir fragen nicht nach, wir zeigen ihm kein Verständnis, wir aktivieren nicht seine eigene Lösungsfähigkeit. Weil der Neander-Reflex im limbischen System ungefähr zehntausendmal so alt ist wie wir.

Bislang hat die Wissenschaft nur ein einziges Gegenmittel dazu gefunden: Training. Ob Sie do-it-yourself oder unter Gleichgesinnten trainieren, ist dabei weniger die Frage. Die Frage ist eher: Wann nehmen Sie die erste Dosis?

„Die Reife eines Menschen erkenne daran,
wie er mit seinen Ängsten umgeht."
Laotse

16 Die Projektflut rollt

Angst im Management

„Wir ertrinken in einer Projektflut!" Das ist auch so eine Klage, die ich ständig höre. Der Umsatz wackelt? Marktoffensive! Die Billigkonkurrenz droht? Outsourcingprojekt! Ein neuer Geschäftsführer? Umstrukturierungsprojekt!

„Die Hälfte der Projekte ist barer Unfug", sagen mir viele Lower Manager und „einfache" Mitarbeiter. Warum werden sie dann vom Zaun gebrochen? Weil das Topmanagement Angst hat. Das Projekt ist der Reflex, mit dem das Management auf Angstattacken reagiert.

Happy Hektiker

Während es das Privileg des einfachen Mannes ist, auf Probleme mit Jammern zu reagieren, können Führungskräfte sich diesen Luxus nicht leisten. Jammern passt nicht zum gestressten Macher-Image des Managers. Ein gestandener Manager jammert nicht, er macht – zweifelhafte Projekte.

Manager reagieren auf Bedrohungen oft und unreflektiert mit hektischem Aktionismus. Weil das was bringt? Nein, weil das was brachte. Damals, vor fünfzigtausend Jahren. Hektik wird vom limbischen System getriggert, das sich bei einem Angriff eines Säbelzahntigers in Sekundenbruchteilen zwischen Angriff (Hektik) und Flucht (Jammern) entscheiden musste.

Kennzeichen heutiger Bedrohungen ist jedoch, dass sie keine Säbelzahntiger sind, also nicht binnen Sekunden bedrohlich werden. Sondern binnen Wochen, Monaten oder gar Jahren. Unsere Rente ist nicht in den nächsten fünf Sekunden bedroht, sondern erst in zwanzig Jahren. Ein Unternehmen geht nicht in den nächsten fünf Minuten hops, sondern höchstens in den nächsten fünf Jahren. Trotzdem macht das limbische System Hektik, weil es Unternehmen – in Maßstäben der Evolution gemessen – erst seit Sekunden gibt, das limbische System aber seit Zehntausenden von Jahren.

Inzwischen hat der hektische Aktionismus in den Unternehmen derart absurde Ausmaße angenommen, dass immer mehr Topmanager auf mich zukommen und bitten: „Kurieren Sie uns von dieser verdammten Projekthektik!“ Gibt es eine Therapie dagegen? Aber natürlich. Denn im Gegensatz zum Tier ist der Mensch nicht auf Gedeih und Verderb seinem Reptilienhirn ausgeliefert. Beim Mensch sitzt zwischen Stimulus und Reaktion noch ein sehr leistungsfähiger Verstand. Benutzen Sie ihn:

1) Look before you leap!

Wer auf Bedrohungen spontan mit einem Projekt reagiert, outet sich als Tier, genauer: als Reptil. Denn der Reflex „Problem? Projekt!“ stammt aus dem Reptilienhirn.

Wenn eine Bedrohung Sie trifft, sollten Sie ganz bewusst die Einflüsterungen des limbischen Systems wahrnehmen („Jammere!“ oder: „Projekt!“) – und dann ignorieren. Sie werden dabei eine wunderbare Entdeckung machen: Sobald Sie nicht

Ihrem ersten Impuls nachgeben, schaltet sich fast zwangsläufig und schon in Sekundenschnelle Ihr gesunder Menschenverstand wieder ein.

Moderne Bedrohungen sind nun mal keine Säbelzahntiger! Sie wollen nicht spontan bekämpft, sondern wohl überlegt sein. Werden Sie sich daher erst einmal klar über die Situation:

- Was bedroht mich konkret?
- In welcher Weise?
- Mit welchen etwaigen Folgen?
- Wie hoch sind deren Eintrittswahrscheinlichkeiten?

Nehmen Sie sich eine Minute und knobeln Sie die Antworten aus. Am besten auf Papier oder am PC. Was man schwarz auf weiß besitzt, …

2) Was passiert, wenn nichts passiert?

Was tun Sie, wenn ein Problem auftaucht? Es lösen, natürlich! Wieso natürlich? Gerade das macht doch die Hektik der modernen Zeit aus: Wir machen viel zu viel. So viel, dass selbst die einfachen Mitarbeiter sagen: „Die Hälfte aller Projekte sitzen wir aus – weil sie eh' nix bringen."

Wenn Sie auf eine Bedrohung hin den Impuls verspüren, sofort etwas zu unternehmen, widerstehen Sie der Versuchung. Hektik ist was für Narren. Stellen Sie zuerst einmal das Null-Szenario auf: Was würde passieren, wenn Sie die Hände in den Schoß legen?

Bis zu dreißig Prozent der Bedrohungen erledigen sich durch diese simple Frage. Fast ein Drittel der Bedrohungen können Sie tatsächlich aussitzen – weil Ihre Simulation gezeigt hat, dass die Folgen der Untätigkeit vernachlässigbar sind. Viele Probleme erledigen sich von alleine. Gut, wer erkennt, welche das sind.

3) Hören Sie auf, mit dem Kopf gegen die Wand zu laufen

Wenn wir in Seminaren die Frage stellen „Was bedroht mich konkret?“ (s.o.), sind häufige Antworten:

- „Unsere Zielvorgaben sind nicht zu schaffen!“
- „Was der Chef von uns will, das haut einfach nicht hin!“
- „Die können doch nicht eine ganze Abteilung wegrationalisieren!“

Was fällt Ihnen an diesen Bedrohungen auf? Sie stellen allesamt unabänderliche Tatsachen dar: Zielvorgaben, Entlassungen, Projekte. Zugegeben, es ist lästig, wenn sich beim Wandern im Allgäu vor mir eine 500 Meter hohe Felswand auftürmt. Aber mit Aussagen wie „Diese Wand ist nicht zu schaffen!“ komme ich buchstäblich keinen Schritt weiter.

Doch genau mit dieser Einstellung reagieren die meisten Menschen auf größere Probleme: Sie werfen ihren Blick zwar unbewusst aber mit untrüglicher Treffsicherheit ausgerechnet auf jene Komponenten des Problems, die unabänderlich sind. Und dann regen sie sich darüber auf! Sie kämpfen dagegen an. Sie hadern mit dem Schicksal. Sie rennen sich die Köpfe blutig. Wie viel Energie dabei draufgeht, sich über Unabänderliches aufzuregen!

Wenn nur die Hälfte dieser Energie in die Problemlösung gesteckt würde, wären die meisten Probleme schon gelöst, noch bevor man ausgejammert hätte. Wann immer Sie also mit „unüberwindbaren“ Problemen konfrontiert werden, sollten Sie möglichst bald aus der Haderschleife aussteigen und sich fragen:

- Was daran kann ich kurzfristig definitiv nicht ändern?
- Und was kann ich ändern?

Die Kunst der Problemlösung besteht darin,

- das Unabänderliche am Problem möglichst schnell als solches zu akzeptieren und geistig abzuhaken (Stichwort Loslassen)
- sich auf das Änderliche zu konzentrieren, um es tatsächlich zu ändern.

Sich engstirnig nur auf das Machbare zu konzentrieren, hat zur Überraschung mancher schon viele „unüberwindlichen“ Probleme gelöst. Es ist eine menschliche Neigung, mit dem Schicksal zu hadern und sich ausgerechnet über jene Dinge aufzuregen, die man nicht ändern kann. Doch niemand verurteilt Sie dazu, dieser Neigung auch zu folgen.

Das Schöne selbst an den schlimmsten Problemen ist, dass sie immer auch veränderbare Komponenten enthalten.

Selbst wenn das nur zehn Prozent sind: Das reicht meist schon, um das Problem entscheidend zu verbessern. Jedenfalls sehr viel stärker als das der Fall ist, wenn man nur über das Unabänderliche klagt.

4) Wohin wollen Sie?

Die meisten Menschen wissen sehr genau, was sie bedroht, was ihnen nicht passt. Sie können sich herrlich darüber aufregen. Manchmal erzählen mir Coachees minutenlang in allen Details, was sie alles an ihrem Chef stört.

Wenn ich sie dann frage, wie sie sich stattdessen die Zusammenarbeit mit ihrem Chef vorstellen, herrscht nachdenkliches Schweigen. Es reicht nicht, den (M)Istzustand zu kennen! Sie sollten auch eine Vorstellung davon haben, wohin Sie überhaupt möchten. Diese Vorstellung werden Sie umso eher erreichen,

- je eher sie in Ihrem Einflussbereich liegt. Es nützt zum Beispiel nichts, wenn Sie sich wünschen, dass der Chef sich ändert. Wünschen Sie sich lieber etwas, das Sie selbst ändern können, zum Beispiel Ihre Reaktion auf die Übergriffe vom Chef.
- je größer die Sogwirkung Ihres Zieles ist. Oft sagen mir Menschen: „Ich muss das Rauchen aufgeben!“ Klappt das? Selten. Andere sagen mir: „Ich werde aufhören, zu rauchen.“ Klappt das? Viel eher. Warum? Weil hinter der zweiten Zielformulierung mehr Mumm, mehr Sog steckt. Peppen Sie Ihre Ziele so auf, dass sie eine für Sie ausreichende Sogwirkung entwickeln! Pimp your aim!
- je konkreter, präziser und verbindlicher Sie Ihre Vorstellungen formulieren. Die Zielvorstellungen der meisten Menschen sind sehr schwammig, nebulös, abstrakt. Kein Wunder, dass die Verwirklichung auf sich warten lässt.
- je mehr Herzblut in Ihren Wünschen steckt. Dinge, die wir „eigentlich schon lange“ machen sollten, schieben wir auch deshalb so lange vor uns her, weil kein Herzblut darin steckt.

Diese Sollte-Wünsche sind notorisch umsetzungsschwach, weil sie nicht die Bohne motivieren. Was müsste bei der Überwindung einer Bedrohung für Sie herauskommen, damit Sie sich voll reinknien? Diese Frage liefert ausreichend Motivation, um die Überwindung der Bedrohung anzupacken.

Probleme gibt es genug

Nichts von dem, was Sie eben gelesen haben, wird neu für Sie gewesen sein. Umso erstaunlicher ist die Tatsache, dass die meisten Menschen sich beim Auftauchen von Problemen nicht an diese einfachen Empfehlungen halten. Sie klagen über das Unabänderliche. Sie brechen unüberlegt hektische Projekte vom Zaun. Sie grübeln über das Problem nach, anstatt über ihre Ziele nachzudenken.

Wir schießen Menschen zum Mond und spalten das Atom. Doch bei der Lösung unserer alltäglichen Probleme stellen wir uns noch immer ziemlich ungeschickt an. Obwohl wir uns über einen Mangel an Problemen nicht beklagen können! Das heißt: Wir hätten es eigentlich in der Zwischenzeit lernen müssen.

So verrückt das anmutet, es liegt auch ein großer Trost darin: Je mehr Menschen selbst die einfachsten Problemlösungstipps ignorieren, desto leichter wird es für die wenigen Aufgeklärten, sich im Handumdreh'n große Wettbewerbsvorteile zu verschaffen.

„Wenn wir alle so viele Probleme haben, sollten wir dann nicht endlich lernen, damit umzugehen?“
Samira Olund, Projektmanagerin

17 Probleme sind nur Illusionen

Die Kunst, ein Problem zu schaffen

Wo drückt der Schuh? Mit welchem gravierenden Problem schlagen Sie sich gerade herum? Ist Ihnen schon mal der Gedanke gekommen, dass dieses Problem eine Illusion ist?

Bevor Sie an meinem Verstand zweifeln: Es gibt zwar durchaus ganz konkrete und reale *Auslöser* für Probleme. Der Umsatz fällt zum Beispiel, der Ölpreis steigt, der Mitarbeiter fährt einen Kunden sauer, … Doch ob diese Auslöser tatsächlich zum *Problem* werden, entscheidet weder der Kunde noch der Markt. Das entscheiden allein wir.

Leider treffen wir diese Entscheidung in der Regel unbewusst und unbewusst falsch. Wir entscheiden uns unbewusst dafür, aus einem *Auslöser* ein *Problem* zu machen. Es *gibt* streng genommen gar keine Probleme. Wir *machen* sie erst dazu. Probleme sind hausgemacht. Wie machen wir das? Normalerweise in drei Schritten:

1. Schritt: Werten, Schlussfolgern, Erklären

Günter hat ein Problem mit Mitarbeiter Schmitz: „Der Schmitz kapiert das nie! Der zieht die ganze Truppe runter! Den könnte ich einmal die Woche an die Wand klatschen!“ Sie erkennen das? Ja, so sieht ein echtes Mitarbeiterproblem aus: quälend, emotional, lästig.

Was aber würde aus dem Problem, wenn Günter sagen würde: „Der Schmitz hat hartnäckige Schwierigkeiten mit der Kundenpflege. Glücklicherweise leisten seine neun Kollegen alle gute Arbeit.“ Das hört sich schon ganz anders an? Ein deutlicher Unterschied zur ersten Äußerung? Wo ist das Problem geblieben?

Es hat sich zumindest dramatisch verkleinert – allein durch eine andere Formulierung. Was war anders? Es waren keine Wertungen mehr drin wie „Der zieht die ganze Truppe runter!“ Deshalb lautet das erste Rezept zur Konstruktion einer Problemillusion:

> Wie Sie ein Problem konstruieren: Werten Sie die Faktenlage so negativ wie nur irgend möglich!

Formulieren Sie das „Problem“ so, dass es Sie möglichst stark nach unten zieht. Lassen Sie diese negativen Wertungen einmal probehalber weg, werden Sie schnell feststellen: Ohne Negativwertung fällt es sehr schwer, unter einem „Problem“ so richtig quälend zu leiden. Weitere bewährte Rezepte der Problemkonstruktion sind:

- Ziehen Sie Schlussfolgerungen! Günter zum Beispiel könnte schlussfolgern: „Der Schmitz passt einfach nicht in unser Team!“ Merken Sie was? Richtig, das Problem nimmt an Bedrohlichkeit zu.
- Erklären Sie die Situation plausibel! Günter könnte sich das Verhalten von Schmitz so erklären: „Bei seinem beruflichen Hintergrund ist doch klar, dass er keine Wurst vom Teller zieht!“ Spüren Sie's? Das Problem ist schwerwiegender geworden.

Auf diese Weise können Sie sich jeden Anlass zu einem schwerwiegenden Problem reden. Aber wem sage ich das? Sie machen das wahrscheinlich schon wie ein Profi – meist ohne es bewusst zu registrieren.

Den Problemreflex ausschalten

Werten, Schlussfolgern, Erklären – das tun wir in Problemsituationen doch reflexhaft! Richtig. Und was sagten Sie? Wer führt nochmals Ihr Leben? Ihre Reflexe oder Ihr gesunder Menschenverstand?

Achten Sie darauf, was Sie denken. Vor allem in Problemsituationen. Das Problem liegt nämlich meist nicht im Problem an sich, sondern in der Art und Weise, wie Sie darüber denken.

> Achtsamkeit ist ein Problemkiller. Achtsamkeit heißt in erster Linie, sich zu fragen: Was denke ich gerade? Mache ich es damit besser? Wie fühle ich mich damit? Will ich das wirklich? Was wäre der bessere Gedanke?

Überprüfen Sie deshalb nicht zuerst das Problem, sondern erst einmal Ihre Gedanken. Fragen Sie sich: Werte, schlussfolgere oder erkläre ich mir gerade wieder was zusammen? Kein Wunder habe ich ein Problem! Fragen Sie sich: Was bleibt vom Problem übrig, wenn ich Wertungen, Folgerungen und Erklärungen subtrahiere? Meist nicht mehr viel.

Wenn wir diese Übung in Seminar oder Coaching machen, sagen TeilnehmerInnen oft: „Verdammte Hacke, wo ist jetzt das Problem hin? Eben hatte ich doch noch eins!" Das kann schon sehr irritierend sein, wenn man sich eben noch tierisch über ein Problem aufgeregt hat – und plötzlich isses wech! Manche kommen sich „verarscht" dabei vor. Andere zweifeln an ihrem Verstand (oder meinem). Berechtigte Zweifel. Denn die meisten Probleme entstehen im Verstand – nicht in der Realität. Oder wie die Anhänger der Acceptance and Commitment Theory sagen: „Your mind is not your friend!" Nicht immer. Wenigstens dann nicht, wenn es Probleme gibt.

Sekundärnutzen Sorgen

Warum konstruieren wir so gerne Probleme? Weil sie viele versteckte Nutzen bringen: Wer Probleme hat,

- ist wichtig.
- hat Stress und wer viel Stress hat, ist viel wichtig.
- bekommt positive Aufmerksamkeit: „Och, du Armer!"
- kriegt Mitleid: „Ach, du Ärmste(r)!"
- verhält sich konform: Bei Problemen muss man sich doch aufregen, oder? (Welchen Sch... lernen wir eigentlich in Elternhaus und Schule?)

Das alles sind gute Gründe, aus unschuldigen Anlässen galoppierende Probleme zu machen. Die Frage ist nur:

> Welches Leben wollen Sie führen? Ein problematisches oder ein beschwingtes, leichtes, erfreuliches, gesundes, erfolgreiches?

Wie Sören Kierkegaard sagte: „Das Leben ist eine fortwährende Wahlentscheidung. Wie wählen wir?“ Bei jedem verdammten Problem, das Ihnen heute über den Weg läuft oder das Sie schon seit Wochen (Monaten, Jahren) am Hals haben, können Sie hier und jetzt entscheiden, ob Sie ein Problem damit haben wollen oder nicht. Wofür entscheiden Sie sich?

2. Schritt: Malen Sie sich den Idealzustand aus!

Günter hat inzwischen gemerkt, wie er sich den Schmitz zum Problem redet. Er sieht ein, dass nicht der Schmitz, sondern er, Günter, ein Problem hat. Aber trotzdem: „Mensch, der Schmitz müsste doch dieselbe Leistung bringen können wie alle anderen Mitarbeiter auch – und ohne ständig zu nerven!“

Hört sich wie ein vernünftiges Entwicklungsziel für Mitarbeiter Schmitz an? Tja, genau das ist der Fehler. Bis zum heutigen Tag sind ungefähr fünf Millionen Ratgeber erschienen, die betonen, wie schweinewichtig es sei, dass der Mensch Ziele habe und dass man mit vernünftigen Zielen jedes Problem lösen könne. Frage: Was ist Ihr aktuelles Dauerproblem? Welches Ziel streben Sie dabei an? Und?

Beflügelt Sie der Gedanke an dieses Ziel? Mit Sicherheit nicht – sonst hätten Sie kein Dauerproblem. Das ist allerdings absurd:

> Ziele sind im Normalfall keine Problemlösung, sondern ein Problem.

Günters Ziel, was Mitarbeiter Schmitz anlangt, bringt ihn förmlich zur Verzweiflung: „Der Schmitz wird doch nie so viel Leistung bringen wie seine Kollegen! Der wird nie seine freche Klappe halten! Und wenn ich mich auf den Kopf stelle!“ Alle Welt sagt, wie toll und nützlich Ziele seien. Doch unter uns gesagt: Ziele sind im Normalfall mehr als nutzlos. Sie sind schädlich, weil sie so frustrierend, stressig und enttäuschend sind. Warum? Weil wir normalerweise

A) überzogene Ziele anvisieren, das heißt keine realistischen Ziele, sondern utopische Ideale verfolgen.
B) diese überzogenen Ideale nach dem Motto verfolgen: Alles oder nichts! Weil Ideale jedoch ideal und nicht real sind (deshalb heißen sie so), läuft diese Alternative in der Praxis im Ergebnis meist auf „nichts“ hinaus.

Betrachten Sie Ihre aktuellen Ziele: Beflügeln diese Sie oder ziehen sie Sie runter? Kann es daran liegen, dass es keine Ziele sondern Ideale sind? Was wäre denn ein realistisches Ziel für Ihr aktuelles Problem? Dieser Gedanke führt Sie weiter? Dann ist er nützlicher als Ihr aktuelles Ziel.

3. Schritt: Scheitern Sie wiederholt!

Wer Probleme zu lösen versucht, indem er wertet, schlussfolgert, erklärt und dabei unerreichbare Ideale verfolgt, der hat sich praktisch zum Scheitern verurteilt – ohne es zu wollen und ohne es zu merken. Gerade dadurch zeichnen sich Dauerprobleme aus: Wir scheitern oft schon seit Monaten, wenn nicht Jahren an deren Lösung. Das ist der Dreisatz der Problemkonstruktion: Klagen – Idealisieren – Scheitern. Viele Menschen stecken in dieser Endlosschleife fest. Was unternehmen sie dagegen?

Holzwege

Wenn Menschen ein Problem nicht loswerden, versuchen sie es meist mit der Methode Try harder! Günter zum Beispiel führt noch ein Gespräch mit Schmitz, fordert ihn noch eindringlicher zur Leistungssteigerung auf und droht noch vehementer mit Konsequenzen.

Diese Methode wird auch „Mehr desselben!" genannt. Die Bezeichnung entlarvt bereits ihre Wirkungslosigkeit: Wenn man mit einem Eimer Benzin kein Feuer löschen kann, dann kann man es auch nicht mit („Mehr desselben!") fünf Eimern.

Eine andere Methode ist, Freud auszugraben: „Waren Sie schon als Kind so vorlaut?" Auch das bringt nichts. Selbst wenn Günter wüsste, dass Schmitz bereits in seiner Kindheit eine freche Klappe hatte – was bringt ihm das hier und heute?

Sie sollten die Lösung kennen – nicht das Problem

Warum werden Menschen gerne tiefenpsychologisch, wenn sie ein chronisches Problem haben? Weil sie denken, dass sie ein Problem umso besser lösen können, je besser sie es kennen. Das trifft auf triviale Probleme zu. Doch chronische Probleme sind nicht trivial – sonst hätten Sie sie schon lange gelöst. Bei Dauerproblemen gilt das Paradoxon:

> Sie finden die Lösung am ehesten, wenn Sie nicht ans Problem denken!

Woran dann? Richtig, an die Lösung. Deshalb nennt man diesen Ansatz auch lösungsorientiert. Lösungsorientierung beginnt mit einer simplen Frage:

Woran würden Sie erkennen, dass Ihr Problem gelöst ist?

Jede(r) von uns hat diese Frage schon mal gehört, wenn nicht gar selbst gestellt. Das Problem ist nur: Gerade weil die Frage so einfach ist, wird viel falsch dabei gemacht. Günter zum Beispiel sagt: „Ist doch klar! Wenn ich mein Problem mit Schmitz los wäre, dann würde dieser endlich die Klappe halten und nicht mehr dumm rummaulen!“

Doch schon während er dies sagt, kommen ihm Zweifel: „Wenn der Schmitz gar nicht mehr meckert, dann fehlt uns unser kritischster Geist! Manchmal ist es ja nicht so doof, was er sagt. Es stresst halt nur!“ Günters ursprüngliches Ziel ist also Unfug: Schmitz soll gar nicht „die Klappe halten“. Doch das bemerkt Günter erst bei der wohlüberlegten Beantwortung der Frage nach dem gewünschten Zielzustand.

Und je detaillierter, breiter und tiefer er über seine konkreten Zielindikatoren nachdenkt, desto näher kommt er einer Problemlösung. Gute Fragen, um diese Zielindikatoren zu beschreiben, sind auch:

- Wie würde Schmitz sich verhalten, wenn das Problem gelöst ist?
- Wie seine Kollegen?
- Wie Günter selber?

Günter antwortet auf die letzte Frage: „Ich würde gelassener mit ihm umgehen." Warum tut er das nicht gleich? Günter geht ein Licht auf: „Mensch, das kann ich doch jetzt schon!" Wir erkennen daran: Je konkreter und breiter Ihre Beschreibung der Zielindikatoren, desto schneller fallen Ihnen Lösungen für Ihr Problem ein.

Mit der Ausnahme arbeiten

Woran würden Sie erkennen, dass Ihr Problem gelöst ist? Ergänzen Sie diese Frage durch eine zweite: Und wann war es schon einmal (ein bisschen) so?

Diese Frage verblüfft meine Coachees regelmäßig. Eine Managerin behauptete daraufhin einmal: „Aber es war noch nie so! Ich hatte mein Projektteam in Krisensituationen noch nie im Griff! Wenn der Dung am Dampfen ist, machen die immer, was sie wollen! Deshalb bin ich doch hier im Coaching!"

Nach zehn Minuten hartnäckigen Nachbohrens war die Managerin dann sehr verblüfft: Wir hatten drei Krisensituationen aus ihrer jüngsten Führungsvergangenheit ausgegraben, in denen sie ihr Team wenigstens ansatzweise im Griff hatte. Weil sie jedoch mit der Krisenperformance ihres Teams in Bausch und Bogen so unzufrieden war, hatte sie diese winzig kleinen Ausnahmen prompt übersehen, ausgeblendet, unbewusst verdrängt.

Das ist verrückt: Denn in diesen drei Situationen war das Dauerproblem wenigstens zum Teil schon gelöst! Die Managerin saß förmlich bereits auf ihrer Problemlösung – bemerkte es aber nicht!

Egal welches Dauerproblem Sie haben, Sie haben es in der Vergangenheit mindestens einmal schon ansatzweise gelöst!

Sie haben die Lösung leider nur übersehen, weil sie so klein und das Problem so groß war. Suchen Sie diese oft mikroskopisch kleinen Ausnahmen und erforschen Sie sie:

- Was genau war anders als sonst?
- Was haben Sie (anders) gemacht, gedacht, gefühlt?
- Was war an den Rahmenbedingungen anders?

Dann stellen Sie die Frage aller Fragen: Und wie mache ich nun diese Ausnahme zur Regel? Mit der Antwort darauf haben Sie Ihr Problem gelöst.

„Nimm dein Leben selber in die Hand. Wenn du es nicht tust, wird es ein anderer tun."
US-Sprichwort

18 Weck den Chef in dir!

Schon wieder platt

In unserer dynamischen (sprich: oberhektischen) Zeit berichten mir Führungskräfte, Geschäftsleute, Mütter, Schulkinder und andere, eigentlich ganz normale Menschen, dass sie sich immer häufiger platt, erledigt, fettisch fühlen, wie der Hesse sagt.

Sie beklagen, dass der Feierabend („Feierabend? Welcher Feierabend?") nicht mehr ausreicht, sich bis zum nächsten Tag gut zu erholen. Auch das Wochenende reicht dafür nicht mehr aus („Von 52 Weekends sind 48 verplant!"). Und die Wirkung von Urlauben ist spätestens eine Woche danach verpufft. Wann soll man sich denn mal wieder richtig erholen? „Ich hoffe auf die Rente", sagte mir ein Abteilungsleiter jüngst. Er ist 38.

Keine Ruhe, ständiger Rummel und chronische Erschöpfung. Das ist in unseren stressigen Zeiten nun mal so? Keiner würde das bestreiten wollen. Ich bin dieser Keiner.

Raus aus dem Hamsterrad

Beobachten Sie sich einmal selbst – was für sich genommen schon ein echtes Erlebnis ist. Beobachten Sie insbesondere Ihren Hinterkopf, wenn Sie mal wieder etwas tun müssen, das

Ihnen gegen den Strich geht. Wenn Sie schon wieder halb platt sind und noch eine Aufgabe bedrohlich auf Sie zukommt. Was geht in Ihrem Hinterkopf vor?

Meist spuken darin Gedanken herum wie: „Das muss ich jetzt auch noch machen!“ Stöhn. Sie können sich körperlich vorstellen, wie Sie sich dabei fühlen? Merken Sie sich dieses Gefühl. Denn jetzt machen wir es weg.

Stellen Sie sich die ungeliebte Aufgabe vor, die Sie jetzt auch noch machen müssen und sagen Sie sich bewusst und betont: „Das *will* ich jetzt machen. Weil es mir wichtig ist aus folgendem Grund: … “ Spüren Sie's? Verblüffend, nicht? Das blöde, gestresste, platte Gefühl reduziert sich spürbar. Bei manchen löst es sich ganz auf.

Sie erkennen das Reframing? Gut für Sie. Für alle Nicht-NLPler: Wenn unangenehme Aufgaben umgedeutet werden, sind sie lange nicht mehr so stressig. Der Stressfaktor liegt nicht in der Aufgabe an sich, sondern in ihrer Konnotation (wie der Linguist sagt), ihrer Attribution (sagt der Psychologe); auf deutsch: ihrem Bedeutungsgehalt. Und dieser Gehalt kommt von uns, nicht von der Situation (Situationen erhalten Bedeutung nur durch Be-Deutung, also durch unser Deuten, wusste schon Sokrates).

Die Umdeutung ist der kleine Unterschied, der den großen Unterschied ausmacht. „Das muss ich jetzt machen!“ Spüren Sie's? Allein schon der Gedanke an das Muss zieht einen nach unten, kostet Kraft. Zwänge rauben Energie. „Das will ich jetzt machen, weil … “ Diese Formulierung kostet keine Kraft. Sie gibt sogar neuen Schwung. Weil Sinn Kraft gibt. Oder wie das Sprichwort sagt:

Wer ein Wozu hat, der schafft auch das Wie.

Es ist nicht so, dass der Wille mit der Motivation kommt. Es ist umgekehrt: Wer will, ist auch motiviert. Wir müssen nicht darauf warten, bis sich ausreichend Motivation einstellt, um eine Aufgabe anzupacken. Wir können selbst etwas dafür tun, dass wir innerlich den Hintern hoch kriegen. Sich hinzustellen und zu sagen: „Ich will das jetzt!" ist eine der einfachsten Arten der Motivation.

Warum wollen wir so selten? Weil wir den lieben langen Tag immer nur müssen. Das tötet irgendwann den Willen. Reanimieren Sie ihn! Indem Sie wollen. Irgendwas. Der Wille ist wie ein Muskel: Wird er nicht benutzt, atrophiert er, Muskelschwund. Der Wille will trainiert werden: Wollen Sie! Was könnten Sie jetzt gerade wollen? Versuchen Sie's und erleben Sie die wundersame Kraft des entfesselten Willens.

Wie eigen ist das eigene Leben?

Wer etwas tun *muss*, unterwirft sich fremdem Diktat. Das ist übrigens eine der häufigsten Klagen von Managern noch vor dem omnipräsenten Erfolgsdruck: die Fremdbestimmung. Wer jedoch sagt: „Das *will* ich jetzt machen!", der schaltet von Fremdbestimmung auf Selbstbestimmung – die ultimative, thermonukleare Energiequelle. Der Quell überragender Motivation.

Menschen, die authentisch sind, die sich kongruent zum eigenen Sinn verhalten, denen geht die Kraft nie aus. Authentizität spendet mehr Energie als jedes dämliche Motivationsmittelchen. 90 Prozent aller Muss-Aufgaben können Sie mit einer Will-Formulierung reframen.

Ist das nötig?

Etwas zu wollen anstatt zu müssen ist an sich schon eine große Befreiung. Ein befreiendes Gefühl, das wir uns selber verschaffen können. Nachdem Sie vom Müssen zum Wollen gelangt sind, sollten Sie sich jedoch unbedingt fragen: Okay, das will ich jetzt – aber ist das wirklich nötig? Das ist gerade das absurd Entwürdigende unserer modernen Zeit:

> Die meisten Dinge, die uns mit dem Etikett des Müssens aufgebrummt werden, sind zwar dringend, aber im Grunde herzlich unnötig.

Selbst wenn Sie nur zehn Prozent Ihrer Workload als unnütz erkennen und ungetan entsorgen würden – das wäre doch schon eine erhebliche Erleichterung. Das entspräche ungefähr einer gewonnenen Stunde pro Arbeitstag. Eine Stunde am Tag gewonnen, wie fänden Sie das?

Ein guter Chef

Hatten Sie mal einen guten Chef? Wenn ja, was selten ist, haben Sie vielleicht Folgendes erlebt: Wenn der Chef vernünftig geplant hatte, konnten Sie die zugewiesenen Aufgaben in aller Ruhe und mit genügend Pausen bewältigen. Sie fühlten sich dabei nicht unter Druck, denn seine Planung hatte vernünftige Ziele und ausreichend eingeplante Puffer.

Warum klappt das mit einem guten Chef? Weil Planung und Ausführung institutionell getrennt sind. Der Chef lenkt und Sie arbeiten – und beide sind's zufrieden damit. Das Kreuz der Postmoderne ist, dass sie auch den Menschen rationalisiert und beide Instanzen zusammengefasst hat: Wir alle sind inzwischen so zum selbstständigen Denken und Handeln verdammt, dass wir beides, dass wir Planen *und* Ausführen in einer Person müssen. Das ist des Problempudels Kern – und gleichzeitig die Lösung: Werden Sie schizophren!

Strategische Schizophrenie

Wenn Sie sich mal wieder schlapp und platt fühlen, was würde dann ein wirklich guter, vorausdenkender, mitarbeiterorientierter und ressourcenschonender, humankapitalerhaltender, nachhaltig denkender Chef zu Ihnen sagen? „Mensch, mach mal Pause, verschnauf erst mal. Und dann lass uns deine Aufgaben neu priorisieren und deine Workload downsizen!"

Hört sich vernünftig an? Ist genau das, was Sie in akuten Stresssituationen hören wollen? Schade, dass es keine solchen Chefs mehr gibt? Doch, es gibt sie noch: Auch in Ihnen steckt ein Chef. Wenn Ihr Chef zu … (dämlich, inkompetent, whatever) dafür ist, dann machen Sie's eben selber! Who takes care of yourself if not yourself?

Seien Sie zwei Menschen: ein planender, leitender und supportender Chef und ein ausführender operativer Mitarbeiter.

Hört sich schizophren an, ist jedoch aus dem General Management als Disney-Technik und aus dem NLP als Positionswechsel bekannt und bewährt: Nur eine Position ist für ein glückliches und erfülltes Leben zu wenig. Das setzt voraus, dass ein Mensch ein glückliches, erfülltes Leben anstrebt. Tun doch alle? Leider nein.

Der postindustrielle Kapitalismus hat uns schon so in seinen schnöden Klauen, dass viele Menschen nur noch die Arbeitstage bis zum nächsten Urlaub überleben möchten. Verständlich. Aber zu einfach. Er ist heutzutage schwer, der in den USA verfassungsrechtlich festgeschriebene Pursuit of Happiness. Doch was ist ein Leben ohne Lebensglück schon wert?

Seien Sie Ihr eigener Chef!

Wer sich schlapp fühlt, hat zu lange vor sich hingewurstelt, zu lange den treu ergebenen Mitarbeiter gespielt. Schalten Sie um auf Chef! Schauen Sie sich selber an und verschreiben Sie sich das, was ein guter Chef Ihnen verschreiben würde.

Bezeichnenderweise weiß selbst das schlimmste Stressopfer stets ganz genau, was ihm/ihr jetzt gut tun würde. Oft weiß er/sie das besser als ein Therapeut oder Coach. Logisch: Keine(r) kennt Sie so gut wie Sie sich selbst! Es ist leicht zu sehen, dass der innere Chef das Problem bei der Wurzel anpackt und kuriert:

> Wer öfter mal den inneren Chef einschaltet, wird wieder Chef übers eigene Leben.

Wie zufrieden sind Sie mit Ihrem inneren Chef, der inneren Chefin? Konnten Sie ihn/sie überhaupt schon erfolgreich aktivieren? Sind Sie noch unzufrieden mit ihm/ihr? Wie könnten Sie diese ungewohnte Rolle in sich stärken?

Das müssen die meisten. Denn weil der innere Chef meist schon seit Jahren ungebraucht im Schrank hing, muss er wie jeder reale Chef auch erst mal wieder seine Tools und Skills auf Vordermann/frau bringen. Doch genau das ist das Schöne am inneren Chef: Er wird meist sehr viel schneller zum wirklich guten Chef als das reale Vorgesetzte schaffen.

Fremdumgang ist Selbstumgang

Übrigens: Falls Sie selbst Vorgesetzter sind, haben Sie eine einmalige Chance.

Es gibt eine starke Interdependenz zwischen innerer und äußerer Führung.

So, wie wir mit anderen umspringen, springen wir auch mit uns selbst um. Chefs, die als „harte Hunde“ verschrien sind, beuten sich selbst auch oft bis zur Selbstaufgabe aus. Das heißt: An der Art, wie wir mit anderen umgehen, können wir erkennen, wie wir mit uns selbst umgehen. Die ersten Erkenntnisse in dieser Richtung sind meist schockierend und schmerzhaft. Wie alles, was eine echte innere Entwicklung auslöst.

Die Korrelation funktioniert auch in die umgekehrte Richtung: Wenn wir beginnen, andere Menschen vernünftig und menschlich zu behandeln, gehen wir auch bald gesünder mit uns selbst um.

Chefs setzen sich durch

An dieser Stelle in Seminar oder Coaching sagen mir manche: „Ich weiß schon, dass ich mein Leben stärker in die Hand nehmen muss. Aber wenn ich zum Beispiel mitten in der Arbeit eine Stresspause einlege – was sagen dann die anderen dazu?“ Gute Frage.

Gegenfrage: Redet so ein Chef? Niemals. Chefs gelten landläufig als arrogante Arschlöcher, die sich nicht die Bohne um anderer Leute Meinung scheren. Das ist ein eklatantes Vorurteil.

Doch es wirft ein erhellendes Schlaglicht auf eine herausragende Eigenschaft von guten Chefs:

Durchsetzungskraft. Wenn Sie Ihr Leben in die eigene Hand nehmen, dann setzen Sie Ihre Wünsche auch mit fester Hand durch!

Seien Sie durch und durch Chef auch in eigener Sache: Wenn Sie etwas beschlossen haben, und sei es auch noch so trivial, dann stehen sie auch dazu und setzen Sie sich gerade auch gegen Widerstände durch. Indem Sie sich zum Beispiel an den Merksatz von oben erinnern: „Das will ich jetzt!“

Das Problem unserer modernen Zeit ist, dass wir schon viel zu angepasst geworden sind. Mehr als uns gut tut. Es tut gut, sich ein wenig Autonomie zurück zu erobern. Erobern Sie!

„Nur noch 20 % der Mitarbeiter engagieren sich für ihre Arbeit. 70% machen Dienst nach Vorschrift und zehn Prozent sind ihrem Arbeitgeber gegenüber sogar feindlich eingestellt."
Gallup-Studie

19 Meuternde Mitarbeiter

Sind Mitarbeiter noch motivierbar?

Viele Unternehmen haben massive Probleme mit der (noch verbliebenen) Belegschaft. Auf der einen Seite werden immer mehr Arbeitsplätze, Gehalt, Sozial- und Zusatzleistungen zusammengestrichen. Auf der anderen Seite sehen die Mitarbeiter, wie die Unternehmen obszön hohe Gewinne einfahren und sich die Topmanager eine Gehaltserhöhung nach der anderen genehmigen. Mit Motivationsproblemen hat das nichts mehr zu tun. In vielen Betrieben, in die ich komme, regiert subkutan die pure Mordlust. Viele Mitarbeiter sind innerlich emigriert, andere verweigern sich, wieder andere machen Dienst nach Vorschrift. Egal, was „von oben" kommt, es wird erst mal ausgesessen.

Leidtragende sind die vielen Mittelmanager, die sich keine fette Gehaltserhöhung genehmigen können, aber mit total demotivierten Mitarbeitern immer höhere Leistungsziele erreichen müssen. Viele Führungskräfte fragen mich: „Kann man Mitarbeiter in diesen Zeiten überhaupt noch motivieren? Oder soll man es gleich bleiben lassen?" Gute Frage.

„Was erzähl ich bloß meinen Mitarbeitern?“

Das ist die Frage, die sich viele Führungskräfte stellen. Was viele nicht wissen: Diese Frage können Sie nur beantworten, wenn Sie sich zunächst eine andere Frage stellen: Was fange ich selbst mit der Situation an? Kann und will ich noch damit leben?

Solange Sie für sich keine Entscheidung getroffen haben, sind Sie nicht wirklich führungsfähig. Das spüren auch viele Führungskräfte, wenn sie sagen: „Ich finde es auf der einen Seite unmöglich, wie das Unternehmen mit den Leuten umgeht. Auf der anderen Seite bin ich selber Manager! Irgendwie sitze ich zwischen den Stühlen.“ Mit dieser inneren Zerrissenheit können Sie nicht gut führen, geschweige denn gut leben. Die MitarbeiterInnen spüren Ihre innere Zerrissenheit und billigen Ihnen kaum mehr Glaubwürdigkeit und Führungskompetenz zu. Wer innerlich zerrissen ist, führt schlecht und verliert viel Kraft.

Don’t stay in the middle!

Der beste Weg aus einem inneren Dilemma ist eine Entscheidung. Treffen Sie diese, indem Sie sich fragen: Stehe ich noch zum Unternehmenskurs oder nicht? Das ist keine Entscheidung, die einem leicht fällt. Es ist jedoch auch keine Entscheidung, über der man tagelang nachgrübeln müsste, wenn man weiß, worauf man hören muss. Nämlich auf das Bauchgefühl und den gesunden Menschenverstand. Beide geben Ihnen untrügliche Hinweise, sobald Sie in sich hinein horchen.

Wenn Sie sich entschieden haben, werden Sie eine große Erleichterung verspüren. Und neue Energie. Ein inneres Aufatmen, sozusagen. Paradoxerweise ist das völlig unabhängig davon, wie Sie sich entscheiden: Ja oder Nein? Völlig egal. Ja oder Nein geben gleichermaßen Kraft. Nur die Mitte raubt Ihnen Ihre Energie. Das haben Sie schon gespürt? Im Amerikanischen gibt es dazu eine Redewendung: Don't stay in the middle! Jede Entscheidung, auch eine „falsche", ist besser als wie Buridans Esel zwischen zwei Heuhaufen hin- und hergerissen zu sein, nicht vom Fleck zu kommen und dabei zu verhungern.

Ringen Sie sich durch!

Zu einer eigenen Meinung zu gelangen, ist nicht bequem. Das werden Sie schon bemerkt haben. Man muss sich richtiggehend durchringen. Von nichts kommt nichts. Es gibt kein entschiedenes „Vielleicht", nur ein entschlossenes Entweder – Oder.

Wenn Sie sich zu einem Nein durchringen, ist das Problem erledigt. Entweder Sie leben fortan als Guerilla in verdeckter/offener Opposition gegen den Unternehmenskurs. Oder Sie verlassen mittelfristig das Unternehmen. In beiden Fällen erledigt sich das Problem mit Ihren Mitarbeitern. Weder ein Guerillero noch ein Abgänger benötigen motivierte Mitarbeiter.

Falls Sie in die Opposition gehen, können Sie sogar mit dem Trotzeffekt rechnen: Ihre Mitarbeiter solidarisieren sich mit Ihnen und arbeiten für den Guerillaführer hoch motiviert mit.

Angenommen, Sie ringen sich dazu durch, den Unternehmenskurs trotz aller Streichungen, Ungerechtigkeiten und eventueller Vorbehalte doch weiter zu vertreten – dann sind Sie mit sich selbst im Reinen. Jetzt können Sie das Problem mit Ihren Mitarbeitern anpacken.

Wir sind nicht auf dem Fischmarkt!

Viele Führungskräfte, die auch weiterhin zum Unternehmenskurs stehen, versuchen gegen die grassierende Unlust in der Belegschaft anzukämpfen mit Appellen wie:

- „Tschakka! Wir schaffen das!“
- „Da haben wir schon ganz andere Dinge gestemmt!“
- „Wir sichern damit Arbeitsplätze!“
- „Tun Sie's für mich!“
- „Es kommen auch wieder bessere Zeiten!“
- „Seien Sie froh, dass Sie überhaupt noch einen Job haben!“
- „Wir müssen mit den Löhnen runter, sonst putzen uns die Asiaten weg!“

Solche Aufmunterungen kennt jeder. Wie wirken sie? Leider nur kurzfristig, nicht nachhaltig. Nach dem ersten Strohfeuer kippt die Motivation sogar ins Negative um. Die Mitarbeiter fühlen sich veräppelt. Leider bemerken das viele Führungskräfte nicht.

Warum fühlen sich Mitarbeiter veräppelt?

Gehen Sie ruhig von sich aus: Morgen streicht der Chef Ihr Gehalt um ein Viertel zusammen und sagt Ihnen „Es kommen auch wieder bessere Zeiten!“ Wie würden Sie sich fühlen? Getröstet? Verstanden? Wohl eher ausgenutzt und auf den Arm genommen. Warum?

Weil Sie die Aufmunterung nicht als Aufmunterung sondern – Hand aufs Herz – eher als dämlichen Spruch empfinden. Ist irgendwie klar: Wenn man mit Sprüchen motivieren könnte, wären die Sprücheklopfer auf dem Hamburger Fischmarkt die besten Vorgesetzten der Welt. Sind sie aber nicht. Wenn Sprüche nicht helfen, was dann?

Machen Sie mit den Mitarbeitern das, was Sie mit sich gemacht haben

Mit sich haben Sie ja auch keine Sprüche geklopft. Sie haben sich vielmehr zu einer Entscheidung durchgerungen. Sie haben sich selbst gecoacht. Das sollten Sie auch mit Ihren MitarbeiterInnen machen. Auch deshalb gibt es das Schlagwort vom „Vorgesetzten als Coach“: Coaching wirkt besser als Sprücheklopfen.

Erster Schritt: Verständnis zeigen

Den Motivationsprofi erkennen Sie daran, dass er zunächst eben nicht motiviert. Er versucht nicht, die Mitarbeiter zu irgend etwas zu überreden. Überreden motiviert nämlich nicht. Warum nicht?

Gehen Sie wieder von sich aus: Sie lassen sich ja auch nicht von jemandem etwas sagen, der Sie nicht versteht! Daher: Zeigen Sie den Mitarbeitern erst einmal das Verständnis, das sie erwarten. Verständnis öffnet Türen. Sagen Sie zum Beispiel: „Ich kann nachvollziehen, wie Sie sich fühlen. Ich habe dafür Verständnis. Mir ist auch nicht nach Jubeln zumute."

Wer Verständnis zeigt, dem hört man auch zu. Je mehr Verständnis ein Mensch zeigt, umso glaubhafter und vertrauenswürdiger wirkt er. Verständnis erzeugt Vertrauen. Oder um in einer verwandten Terminologie zu reden: Erst Pacing, dann Leading.

Peinlich, peinlich

Es ist mir peinlich, darüber reden zu müssen. Doch viele Führungskräfte fragen mich: „Wie zeigt man Verständnis?" Andere heucheln es glattweg. Dritte wiederum sagen Dinge wie: „Ich verstehe Sie ja, aber das ist ein Vorstandsbeschluss!" Sie wissen nicht:

> Verständnis kann man nicht heucheln oder per Floskel („Ich verstehe Sie ja!") induzieren.

Das wirkt nicht nur nicht. Das bewirkt das Gegenteil: Die Mitarbeiter ballen die Faust in der Hosentasche und gehen noch tiefer in die innere Emigration oder die verdeckte Opposition. Das Problem ist: Viele Führungskräfte können auch im privaten Kontext dem Beziehungspartner oder den eigenen Kindern gegenüber kein ehrlich empfundenes, aufrichtiges und authentisches Verständnis zeigen. Sie können es einfach nicht. Sie haben es nie gelernt. Niemand hat es ihnen gezeigt.

Wenn das zutrifft, wird's schwierig. Dann geht's ans Eingemachte. Sprich: Verschärfte Autodidaktik oder Coaching. Das rentiert sich auch persönlich. Denn ein Mensch ohne Empathie (Voraussetzung für Verständnis) ist ohnehin ein Scheidungskandidat, Rabenvater oder Burnout-Fall auf Abruf.

Zweiter Schritt: Die Fakten etablieren

Eines ist klar: Die Mitarbeiter müssen raus aus der Jammerschleife. „Das halbe Weihnachtsgeld ist futsch. Den Jahresbonus gibt's auch nicht mehr. Wohin soll das alles noch führen!"

Diese Jammerei ist Gift für Motivation und Leistung. Viele Führungskräfte versuchen zu trösten, eben zum Beispiel mit: „Es kommen auch wieder bessere Zeiten!" Dass das nicht wirkt, haben Sie sicher schon bemerkt. Besser wirkt: Reinen Wein einschenken. Klarmachen: Es gibt Dinge, die wir nicht ändern können.

Es ist Unfug, Energie und Zeit darauf zu verschwenden, Dinge ändern zu wollen, die nicht zu ändern sind. Das sollten Sie den Mitarbeitern klar machen. Sagen Sie zum Beispiel: „Die Wochenarbeitszeit ist auf 42 Stunden angehoben. Ich bin auch nicht begeistert. Das trifft vor allem die unter uns mit Familie. Aber ich kann beim besten Willen daran genau so wenig wie

Sie etwas ändern. Das ist auch nicht die Frage. Die Frage ist: Wie gehen wir damit um? Wie geht's jetzt weiter?"

Das ist der Churchill-Effekt: Reinen Wein einschenken. So brutal die Wahrheit auch sein mag: Ehrlich fährt am besten. Offenheit erzeugt Akzeptanz. Churchill sagte: „I have nothing to offer you but blood, sweat and tears!" – und eine Nation erhob sich aus den Trümmern ihrer Städte, um die Tyrannei des Schnauzbärtigen zu beenden.

Die deutsche Krankheit

Wenn Menschen in Schwierigkeiten stecken, klagen sie oft: „Warum schon wieder mehr Arbeit für weniger Geld? Hört das denn nie auf? Wie soll ich meine Hypothek abbezahlen?" Solche Fragen sind verständlich, doch sie bringen nicht weiter.

Jammern und Klagen sind zwar menschlich, aber nicht besonders hilfreich, um mit einer Situation angemessen umzugehen. Warum nicht? Weil Jammern von Haus aus einäugig ist: Man schaut nur auf das Negative und schießt sich darauf ein. Diese Negativfokussierung hat wie jede Fokussierung geradezu hypnotische Wirkung: Wer wie das Kaninchen auf die Schlange starrt, starrt sich schnell in eine Problemtrance hinein, aus der er nicht mehr rauskommt. Kommt Ihnen bekannt vor?

Richtig, unter dieser autohypnotisch induzierten Problemtrance leiden vier Fünftel Deutschlands, weshalb das Phänomen in den USA auch als „German Angst" bekannt ist.

Dritter Schritt: Ausgeblendetes einblenden

Wie kriegen Sie sich und andere Menschen aus einer Problemtrance heraus? Indem Sie das einblenden, was das hypnotisierte Kaninchen ausblendet: die vielen positiven Seiten.

Sie können zum Beispiel fragen: „Okay, das Weihnachtsgeld ist futsch. Aber heißt das, dass Sie jetzt überhaupt keinen Spaß mehr bei der Arbeit haben? Was an der Arbeit ist trotzdem noch gut? Was macht noch Spaß? Und was noch? Wie ist der Saldo? Überwiegt noch das Gute oder schon das Schlechte?"

Helfen Sie dem Mitarbeiter neben dem Negativen auch noch das verbliebene Positive zu sehen. Die Erfahrung zeigt, dass vier von fünf Mitarbeiter danach sagen: „Hm, so schlimm ist das gar nicht, wie ich gedacht habe. Die Arbeit hat immer noch mehr Positives als Negatives." Was ist, wenn der Mitarbeiter das nicht sagt, weil für ihn das Negative überwiegt?

Auch dann haben Sie etwas gewonnen. Nämlich die frühzeitige Identifikation eines wechselwilligen Mitarbeiters. Es wird Sie nicht mehr überraschen, wenn er Dienst nach Vorschrift macht oder das Unternehmen demnächst verlässt.

Das Erfolgsrezept: Tun Sie was für die Haben-Seite!

Allein dadurch, dass Sie den Blick des Mitarbeiters auf das Positive richten, vergrößern Sie übrigens das Positive. Dadurch nämlich, dass Sie mit dem Mitarbeiter offen und ehrlich über seine Probleme reden. Mitarbeiter sagen danach regelmäßig:

„Mit dem Chef kannst du über alles reden. Der lässt uns nicht im Stich!“

Das sagen viele vormals frustrierte Mitarbeiter nach einem solchen Gespräch. Wer einen solchen Chef hat, wäre schön blöd, wenn er in die innere Kündigung oder ein anderes Unternehmen gehen würde – bloß weil das Weihnachtsgeld gekürzt wurde. Ein verständnisvoller und beratender Chef ist neun von zehn Mitarbeitern, wenn es hart auf hart kommt, wesentlich wichtiger als das liebe Geld.

Ist Motivation noch möglich?

Eindeutig: Ja. In Zeiten von Kürzungskoller, Outsourcing und Offshoring ist es nicht nur möglich, Mitarbeiter zu motivieren. Es ist nötiger denn je. Und es zeigt sich deutlicher denn je der Unterschied zwischen Schönwettermanagern und echten Führungskräften.

Wer auch in der herrschenden Krise motivieren kann, ist nicht bloß ein Manager, sondern eine richtige Führungskraft. Ganz nebenbei macht es Riesenspaß, auch in der aktuellen Angst- und Frustkrise Mitarbeiter zu Höchstleistungen motivieren zu können.

Und es macht einen besseren Menschen aus Ihnen. Viele Manager geben mir die Rückmeldung: „Seit ich meine Mitarbeiter aus dem Jammertal führen kann, komme ich auch besser mit meiner Partnerin und meinen Kindern klar.“

„Manche Mitarbeiter würde ich am liebsten hochkant rauswerfen!“
Silke Gulde, Abteilungsleiterin

20 Warme Leichen

Jetzt wird’s hässlich

Wenden wir uns einem unangenehmen Thema zu. Nicht, weil ich Sie quälen möchte, sondern weil immens viele Führungskräfte davon gequält werden und mich immer wieder darauf ansprechen. Tatsächlich kenne ich kaum Vorgesetzte, denen das Problem nicht mit unschöner Regelmäßigkeit mächtig auf den Magen schlägt: leistungsschwache, querulante, respektlose, unbelehrbare MitarbeiterInnen. Faule Äpfel. Schwarze Schafe.

In Amerika hat die Empörung der Führungskräfte über solche Mitarbeiter Ausdruck in einem deftigen Begriff gefunden: Warm Bodies, warme Leichen. Das klingt makaber. Weitaus makabrer ist jedoch, was diese Minderleister anrichten.

Es sind Mitarbeiter, die viel weniger Leistung bringen als der Durchschnitt der Mitarbeiter. Sie sind auch völlig uneinsichtig und änderungsresistent, lassen sich durch nichts und niemanden mehr motivieren, verschlampen Aufgaben oder führen sie fehlerhaft aus, halten sich nicht an Zusagen, erreichen ihre Leistungsziele selten bis nie, überziehen Termine und zucken dann, wenn sie zur Rede gestellt werden, mit den Schultern, führen lahme Ausreden an – und machen weiter wie bisher. Sie sind leistungsschwach und unmotivierbar. Sie leben zwar noch, zeigen aber die Motivation eines Toten – daher der amerikanische Name.

Was in den Köpfen vorgeht

Wie kann es sich ein normaler Mensch überhaupt leisten, in der heutigen Zeit so gut wie nichts zu leisten und trotzdem ein Gehalt zu erwarten? Ich zitiere einige SeminarteilnehmerInnen und Newsletter-LeserInnen:

- „Im warmen Schoß des Konzerns bin ich unkündbar – so denken viele Mitarbeiter!“
- „Hier wird man erst gekündigt, wenn man silberne Löffel klaut. Also wozu sich engagieren?“
- „Mit jeder überstandenen Kündigungswelle werden die Überlebenden fauler und frecher, weil sie sich für unkündbar halten.“
- „Einige sind einfach total überfordert oder verunsichert. Kein Wunder, wenn zwei die Arbeit von ehemals fünf machen müssen.“

Wie ärgerlich diese unmotivierbaren Minderleister sind, auch darüber sprechen SeminarteilnehmerInnen und Mails von Newsletter-LeserInnen Bände:

- „Ich habe noch nicht ganz aufgegeben, aber leider bin ich in einigen Punkten bereits so weit, dass ich kapituliere“.
- „Ich könnte täglich die Palme hoch, so regen diese Idioten mich auf!“
- „Ich kämpfe bis zum Umfallen für das Erreichen der Jahresziele und diese Knilche machen sich einen faulen Lenz!“
- „Der Witz ist: Mein Chef fragte mich neulich, ob ich es eigentlich nicht schaffe, meine Leute ausreichend zu motivieren! Wie denn, bei diesen Zombies!“

- „Ich habe manchmal fast Verständnis mit diesen Mitarbeitern – aber sie sind wie Ketten am Bein! Mensch, ich muss doch auch meine Leistungsziele erreichen!“

Was tun?

Wie reagieren Führungskräfte auf das Problem? Viele beklagen, dass es unmöglich sei, „mit diesen Mitarbeitern unsere Ziele zu erreichen!“ Die Lage scheint hoffnungslos.

Glücklicherweise scheint sie es nur. Viele Führungskräfte sagen mir nämlich auch: „Damit werde ich mich nie abfinden! Ich lese den Schlappschwänzen mindestens einmal die Woche die Leviten!“ Gutes Rezept?

Lautes, aber langfristig wirkungsarmes Rezept, wie Sie vielleicht schon bemerkt haben: „Ich mache mir damit zwar Luft – doch nützen tut es nicht wirklich.“ Warum nicht? Aus einem naheliegenden Grund: Wenn es so einfach wäre! Wenn man unmotivierbare Mitarbeiter bloß anbrüllen müsste, um sie zu reanimieren, gäbe es das Problem nicht.

Brüllen Sie ruhig weiter hin und wieder, wenn Ihnen das gut tut (die „Leiche“ lässt das ohnehin erwartungsgemäß unberührt). Doch erwarten Sie sich bitte keine nachhaltige Wirkung davon (eben weil es den Mitarbeiter unberührt lässt).

Härtere Saiten aufziehen

Das nach dem lautstarken Levitenlesen am zweithäufigsten genannte Rezept lautet: „Härtere Saiten aufziehen!“ Eine genervte Innendienstleiterin schrieb mir: „Weil drei meiner Damen auch nach monatelangen Aufforderungen einfach nicht pünktlich zur Arbeit erscheinen können, habe ich jetzt kurzerhand ein Zeiterfassungssystem eingeführt.“ Gute Lösung? Einfache, aber schlechte Lösung.

Denn wie sie selbst schreibt: „Die sechs anderen Mitarbeiter, die allesamt pünktlich sind, fühlen sich jetzt mit den schwarzen Schafen über einen Kamm geschoren.“ Und demotiviert! Diese Demotivation der Guten schadet mehr als die (immer noch mangelhafte) Pünktlichkeit der Schlechten nützt!

Spielen Sie Quartett!

Es gibt noch eine Menge anderer Rezepte, die allesamt nicht sonderlich gut funktionieren. Warum nicht? Weil sie unimodal (eingleisig) sind. Wie schon der Spruch sagt: Auf einem Bein kann man nicht stehen. Monokultur-Lösungen sind bei komplexen Problemen einfach zu einfach. Für eine gelungene Reanimation benötigen Sie mindestens vier Instrumente:

1) Gewichten Sie!

Natürlich gehen Ihnen die warmen Leichen auf den Senkel – doch wie viele sind es überhaupt? Wenn wir dieser Frage in Coachings oder Führungstrainings nachgehen, reißen die meisten ManagerInnen erfreut die Augen auf: „Klinisch tot sind eigentlich nur zwei – von zwölf! Und deshalb rege ich mich so auf? Total überzogen!“

Mein Tipp: Kategorisieren Sie Ihre Mitarbeiter in drei Klassen: Exzellente – akzeptable – ganz schwache Mitarbeiter. Allein diese differenzierte, quantifizierte Sichtweise nimmt eine Menge Problemdruck von den Schultern eines/r Vorgesetzten.

Was aber, wenn Sie einen großen Anteil an warmen Leichen in Ihren Reihen haben? Das kommt selten vor und hängt meist an ganz besonderen Umständen (Fusion, Restrukturierung, Vorstandswechsel, Kündigungswelle, ...). Diese besonderen Killerumstände sollten Sie entweder in einem Projekt zusammen mit Ihrer Personal- oder Organisationsentwicklung (falls vorhanden) analysieren oder zusammen mit einem externen Coach (keinem Berater!). Wird die akute Krise umgehend behandelt, verschwindet sie bald. Wird sie ignoriert, chronifiziert sie sich.

2) Wie viel Prozent fehlen...

... den schwachen Mitarbeitern bis zu einem *akzeptablen* (keinem exzellenten!) Niveau? Die Antwort auf diese Frage reduziert den Problemdruck weiter. Denn viele Vorgesetzte vergleichen ihre Unmotivierbaren mit ihren Besten. Das passiert ganz unbewusst, ist jedoch objektiv betrachtet überzogen. Denn einen Abstiegskandidaten vergleicht man nicht mit dem Tabellenführer!

Definieren Sie, was genau Sie bezüglich des bemängelten Verhaltens unter einem akzeptablen Leistungsniveau verstehen. Sofort sieht die Minderleistung ganz anders, weniger hoffnungslos, weniger unverschämt aus. Die meisten Vorgesetzten kommen dabei auf das Naheliegende: „Der Abstand zum Mittelfeld ist gar nicht so groß! Wie verringere ich ihn?“

Vereinbaren Sie mit dem Mitarbeiter konkrete Maßnahmen, mit denen er seinen Rückstand aufholen kann: Training, Coaching, Lektüre, Übung, Supervision, Projektarbeit oder bestimmte Aufgaben. Oft reicht schon ein etwas ausführlicheres Briefing und intensiviertes Controlling.

Aufforderungen reichen nicht zur Verbesserung. Verbesserung braucht konkrete Trainingsmaßnahmen.

Damit zeigen Sie sich als fairer Vorgesetzter: Sie geben dem Minderleister eine faire Chance und eine konkrete Anleitung, wie er sich verbessern kann. Das wirkt besser als Anschreien oder härtere Saiten aufziehen, weil es dem Mitarbeiter zeigt, wo genau er wie was besser machen kann. Man nennt das auch Personalentwicklung.

Veränderungsresistent?

An dieser Stelle sagen mir viele Vorgesetzte: „Meine Minderleister wollen sich nicht bessern!“ Sagt der Vorgesetzte ihnen, was sie wie verbessern sollten, wird er mit Ausreden zugemüllt. Im Beispiel der drei unpünktlichen Damen (s.o.): „Mit Kindern im Haus kann man eben nicht immer pünktlich sein. Außerdem haben die Busse ständig Verspätung. Und so schlimm sind zehn Minuten zu spät doch auch nicht!“

Was ebenfalls passieren kann: Der Mitarbeiter „kotzt“ sich aus, sobald Sie ernsthaft mit ihm reden. Er erzählt Ihnen die ganze Litanei seiner privaten und beruflichen Frustrationen. Die meisten Vorgesetzten empfinden das als so lästig, dass sie gleich die Finger von Minderleistern lassen oder ihnen einfach nur Dampf machen. Es gibt eine bessere Lösung.

Sie müssen sich nicht die Zeit stehlen lassen. Sie sind weder der Therapeut noch der Pfarrer noch die Ehefrau des Minderleisters. Aber: Hören Sie ihm/ihr nur eine Minute zu! Das ist schon hundertmal mehr Zeit und Anteilnahme als ihm bisher jeder andere geschenkt hat. Hören Sie nur zu. Gehen Sie keine Diskussion ein! Versuchen Sie zum Beispiel nicht, den drei chronisch unpünktlichen Müttern zu erklären, dass Millionen anderer Mütter trotz Kindern pünktlich bei der Arbeit erscheinen. Da Warm Bodies unbelehrbar sind, wird sie das selten überzeugen.

Hören Sie vielmehr aktiv zu, zeigen Sie demonstrativ Verständnis und sagen Sie dann: „Ich weiß, Sie haben Ihre Gründe. Deshalb nur eine Frage: Sind Sie bereit, den Missstand abzustellen? Ja oder Nein?"

Das ist die Frage nach dem Commitment. Ohne Commitment gibt es keine erfolgreiche Veränderung. Sagt der Mitarbeiter Ja, lenken Sie ihn in die Lernschleife. Sagt er Nein, was selten passiert, lässt er Ihnen keine andere Wahl. Er betreibt Leistungsverweigerung. Er setzt Ihnen die Pistole auf die Brust. Und darauf gibt es nur eine mögliche Reaktion:

3) Bereiten Sie die verhaltensbedingte Kündigung vor!

Wenn Sie sich derart um den Mitarbeiter bemühen, ihm eine faire Chance bieten und er diese ausschlägt oder wiederholt in den Sand setzt, dann müssen Sie ihm zumindest mit der Kündigung drohen – sonst tanzen Ihnen auch bald die guten Mitarbeiter auf der Nase herum! Denn sie sehen: Mit diesem Vorgesetzten können wir's machen! Der lässt sich alles gefallen!

> Erkundigen Sie sich bei der P-Abteilung genau nach den formellen Voraussetzungen für eine verhaltensbedingte Kündigung. Das wird in der Praxis allzu oft „vergessen".

Im Regelfall müssen Sie den unwilligen Mitarbeiter dafür zweimal formgerecht abmahnen. Wenn Sie möchten, können Sie den Mitarbeiter davor noch ein letztes Mal warnen. Doch danach können Sie sicher sein: Wenn ein Mitarbeiter es auf eine mehrfache Abmahnung anlegt, dann ist es auch für ihn das Beste, wenn Sie sich von ihm trennen. Denn dann legt er es genau darauf an. Manchmal muss man als Vorgesetzter auch unpopuläre Entscheidungen durchsetzen. Sie werden sich nicht wohl dabei fühlen. Doch Sie müssen auch an Ihre anderen Mitarbeiter denken: Die sind schon lange auf die faulen Äpfel sauer.

Bei den meisten Minderleistern kommt es jedoch nicht so weit. Die brauchen einfach diesen Schuss vor den Bug: „Aha, der Chef meint's wohl doch ernst!" Sie brauchen die Abmahnung, um wieder vernünftig zu werden. Das finden Sie und ich hart, aber manche Menschen ändern offensichtlich erst dann ihr Verhalten, wenn es hart auf hart kommt.

4) Machen Sie Ihr NSP

Wenn Ihnen die Abmahnung zu stressig ist und nicht Ihrem aktuellen Führungsverständnis entspricht (ist es noch angemessen? Was sagt Ihr Coach dazu?), dann geben Sie Ihre schlappen Mitarbeiter in Ihr NSP – Ihr Nerven-Schonprogramm: Parken Sie den Mitarbeiter irgendwo, wo er wenigstens keinen großen Schaden anrichten kann.

Sitzen Sie das Problem aus und konzentrieren Sie sich auf Ihre Leistungsträger. Denn es gilt das Kompensationstheorem der Teamentwicklung: Mit den Starken können Sie meist die Schwachen (über)kompensieren – sofern Sie bewusst und gezielt an deren Leistungssteigerung arbeiten. Denn die Guten können leicht noch besser werden. Die Schlechten haben eher ein Problem mit dem Besserwerden.

Reanimation

Diese Quartett-Technik hat einen Wirkungsgrad von nahe 100 Prozent. Wendet man sie richtig an, ist das Problem danach abgehakt. Der Haken dabei ist lediglich: Viele Führungskräfte spielen nicht Quartett. Aber das muss nicht Ihre Sorge sein.

*„Wir alle sprechen dieselbe Sprache.
Doch nur wenige beherrschen sie."*
Tucholsky

21 Sind Kollegen auch Menschen?

Ohne Kollegen wär's viel lustiger

Die Arbeit wäre im Grunde ganz erträglich – wenn da nicht die lieben Kollegen wären: Der eine liefert ständig schlechte Ergebnisse, ist aber beim Vorstand Liebkind. Die andere hält mit ihrer umständlichen Art den ganzen Laden auf und mit dem dritten kann man einfach kein vernünftiges Wort wechseln.

Gewiss, es gibt größere Probleme. Doch wenn man diese kraftraubenden Ärgernisse zu lange ertragen muss, verliert man irgendwann die Freude an der Arbeit. Es kostet so viel Energie und ist im Grunde so unnötig, sich ständig mit den notorischen Dumpfbacken herumschlagen zu müssen. Was hilft dagegen?

Drei Holzwege

Wie reagieren wir auf kollegiale Nervensägen? Die häufigsten drei Reaktionen:

A) Wir ärgern uns. Und schlucken den Ärger lange Zeit runter. Um des lieben Frieden willens. Das gelingt vordergründig. Leider zu einem hohen Preis: Man wird selber immer unzufriedener, verliert mächtig Nerven und Zeit für die eigene Arbeit und entwickelt oft psychosomatische Beschwerden. Natürlich wissen wir alle, dass Runterschlucken nicht gesund ist. Aber was soll man sonst machen?

B) Zum Beispiel unseren ganzen Frust zum Ausgleich an anderen auslassen: an Kollegen, Partnern, Freunden. Wir sind gereizt, geladen, unverträglich. Das erleichtert zwar. Doch es ändert am ursprünglichen Ärgernis nichts. Es schafft nur ein neues.

C) Dem Störenfried gehörig die Meinung pauken.

Dass die ersten beiden Reaktionen nichts bringen, sehen wir in nüchternen Momenten wohl ein. Deshalb flüchtet sich jede(r) irgendwann zur dritten Möglichkeit. Eine gute Option?

Laut ist nicht immer gut

„Herr Dr. Henke, mit Ihrem Performance Measurement kann meine Abteilung leider nichts anfangen!“ Das ist klar, das ist deutlich, das muss der Managementkollege doch verstehen. Tut er’s? In wenigen Fällen.

In den meisten Fällen sagt er dagegen etwas wie: „Was soll der Quatsch? Das System hat uns 50 000 Euro gekostet! Und in allen anderen Abteilungen funktioniert es doch auch!“ Das ist natürlich so nicht richtig – und schon geht es los. Der Streit ist vom Zaun gebrochen. Seine Resultate:

- Hinterher sind beide Gesprächspartner fertig mit den Nerven.
- Beide sind sauer aufeinander.

- Das alles hat viel Zeit gekostet.
- Nichts ändert sich.

Warum nicht? Weil Dr. Henke ein bornierte Dünnbrettbohrer ist. Solche Kollegen gibt es; leider viel zu viele. Das nächste Mal müssen Sie eben ein bisschen schärfer rangehen, damit er's endlich kapiert. Denn wenn Sie im Guten mit ihm reden, begreift er offensichtlich nichts. Tatsächlich?

Die Mythen pathologischer Kommunikation

Wenn ein Störenfried nicht kapiert, dass er stört, dann ist selbstverständlich der Störenfried schuld. Erst stört er und dann macht er auf begriffsstutzig. Unverschämt!

Leider übersehen wir dabei eines: Wenn eine Kommunikation nicht funktioniert, ist nicht der Empfänger dafür verantwortlich, sondern der Sender. Wer etwas sagt, ist dafür verantwortlich, dass das, was er meint, auch rüberkommt. Das ist hart, nicht wahr? So wurden wir nicht erzogen.

Wir wurden von Eltern, Schule und Gesellschaft dazu erzogen, zu glauben: Wenn einer etwas nicht versteht, ist er blöd. Schließlich haben wir schon an der Schule gelernt: Wenn der Lehrer doziert und der Schüler es nicht versteht, ist der dumme Schüler schuld.

Erst seit Pisa kommen einige von uns auf die Idee, dass es auch daran liegen könnte, dass der Lehrer ein schlechter Pädagoge ist. Daher: Wenn einer nicht kapiert, was Sie ihm sagen, dann gehen Sie nicht ihm auf die Nerven.

Gehen Sie in sich und fragen Sie sich: „Diese Reaktion wollte ich nicht bewirken. Welche dann? Und wie müsste ich meine Worte wählen, damit der Angesprochene diese Wunschreaktion zeigt?“

Warum Kollegen „uneinsichtig“ sind

Welche Wirkung wollen Sie erreichen, wenn Sie lästigen Kollegen Feedback geben? Sie wollen respektiert werden und Sie wollen, dass Ihr Wunsch respektiert wird. Wie stellen Sie das an? Zum Beispiel per Vorwurf: „Mit deiner Vorkalkulation kann ich nichts anfangen!“

Moment mal: Sie machen einen Vorwurf und erwarten daraufhin Respekt? Das kann nicht sein! So haben Sie das noch nie gesehen? Natürlich nicht – deshalb passiert es ja ständig. Unsere Kollegen ignorieren unsere Wünsche nicht, weil sie sie ignorieren wollen, sondern weil wir sie dazu provozieren; indem wir ihnen zum Beispiel Vorwürfe machen. Das ist nicht Ihre Schuld. So wurden Sie erzogen. Schütteln Sie die Fesseln der Fehlerziehung ab.

Was ist ein Vorwurf?

Sie halten „Mit deiner Vorkalkulation kann ich nichts anfangen!“ für keinen Vorwurf, sondern für eine Feststellung? Sicher. Der Manager in unserem Beispiel, der diese Feststellung machte, hielt sie auch nicht für einen Vorwurf. Leider hielt sie sein Kollege für einen Vorwurf. Und das ist entscheidend:

> Wie eine Kommunikation ankommt, entscheidet der Empfänger.

Wenn der Empfänger sich angegriffen fühlt, dann fühlt er sich angegriffen. Die Frage ist nicht, ob er das darf. Die Frage ist: Wollen Sie das? Wollen Sie, dass er sich angegriffen fühlt und sich minutenlang verteidigt und rechtfertigt? Aber Sie haben doch recht! Seine Vorkalkulation ist wirklich unverständlich! Noch einmal: Was wollen Sie? Wollen Sie recht haben? Oder wollen Sie, dass er tut, was Sie sich wünschen?

Sie können sich für eines von beiden entscheiden. Wählen Sie das, womit Sie zufriedener sind. Es ist Ihre Wahl. Wenn Sie sich dafür entscheiden, dass Sie gerne einmal aufs Rechthaben verzichten können, wenn er nur Ihren Wunsch respektiert, dann machen Sie drei Schritte bis zum Ziel:

1) Sprechen Sie die Sache an, nicht die Person.
2) Sagen Sie nicht, was er falsch macht. Sagen Sie, wie es Ihnen dabei geht.
3) Reden Sie nicht um den heißen Brei. Sagen Sie einfach, was Sie wünschen.

Mehr braucht es nicht, damit ein Mensch Ihre Wünsche erfüllt. Betrachten wir diese drei Schritte eines wirksamen Feedbacks im einzelnen.

1) Sprechen Sie die Sache an, nicht die Person

„Du redest immer so laut am Telefon, dass wir daneben nicht arbeiten können!“ Hier wird eindeutig die Person angesprochen – deshalb reagiert die Person auch so empfindlich. Aber das ist nicht die Sache, um die es geht. Was ist Sache? Sache ist: „Gerade eben habe ich einen Kunden beraten und du hast telefoniert.“ Stimmt. Genau diese Sache lief ab. Und nur dies müssen Sie fürs Erste ansprechen.

Das reicht schon. Warum? Weil darin kein normaler Mensch einen Vorwurf vermuten würde. Jeder denkt nur: „Stimmt, das passierte eben.“ Diese Reaktion rufen Sie immer zuverlässig dann hervor, wenn Sie vollkommen auf jede Wertung verzichten und nur eine neutrale Sachaussage machen. Eine Sachaussage ist im Zweifelsfalle das, was ein unbeteiligter Dritter beobachten könnte. In unserem Falle hätte er nur beobachten können, dass er telefonierte und Sie berieten. Mehr nicht. Mehr brauchen Sie auch nicht. Dann machen Sie den zweiten Schritt.

2) Sagen Sie, was Sie empfunden haben

Sie können keinem Menschen sagen, dass er ständig zu laut telefoniert. Sie können ihm höchstens sagen, wie es Ihnen dabei geht. Aber immer vorwurfsfrei. Also nicht: „Du hast ... “ Denn Du-Botschaften sind generell immer Vorwürfe (oder werden als solche gewertet).

Ich-Botschaften dagegen sind vorwurfsfrei: „Für mich war die Lautstärke so, dass ich mich nicht mehr auf mein Gespräch mit meinem Kunden konzentrieren konnte." Eben weil in der Ich-Botschaft kein Vorwurf steckt, reicht bei kommunikativ kompetenten Kollegen die Ich-Botschaft aus, um Einsicht zu schaffen: „Oh, das tut mir leid. Ich spreche einfach das nächste Mal etwas leiser."

Bei kommunikativ weniger geübten Kollegen und jenen mit einem geringen Selbstwertgefühl reicht das jedoch nicht. Die sind sehr empfindlich und reagieren auch mit Rechtfertigungen, obwohl Sie keinen Vorwurf machten. Also machen Sie den dritten Schritt.

3) Nicht gegenhalten, sondern Wunsch äußern

Widerstehen Sie der Versuchung. Wenn der Kollege beginnt, sich zu rechtfertigen – steigen Sie nicht darauf ein!

Sonst landen Sie lediglich wieder in der bekannten Rechtfertigungs-Orgie. Jeder rechtfertigt sich minutenlang und heraus kommt dabei nichts. Gehen Sie klüger vor. Äußern Sie einfach Ihren Wunsch.

Am besten, indem Sie ihm vorher zeigen, dass Sie ihn respektieren: „Ich verstehe gut, dass du das anders siehst (Das bedeutet: Du bist okay, ich greife dich nicht an – also musst du dich nicht verteidigen). Was können wir denn tun, damit du in Ruhe telefonieren kannst und ich meine Kunden verstehe?" Dies ist die ultimative Deeskalation.

Vielleicht müssen Sie sie ein-, zweimal wiederholen, bis der Kollege kapiert: Es geht hier gar nicht um mich. Es geht nicht darum, wer Recht hat und wer nicht. Es geht hier einfach um eine Lösung. Wenn zwei erwachsene Menschen vernünftig miteinander reden, finden sie immer eine Lösung.

„Wissen ist Macht.“
Sir Francis Bacon (1561-1626), Essays

Meine Hochachtung!

Sie sind ja immer noch da! Meine Hochachtung. Sie gehören zweifellos zur intellektuellen Elite dieses Landes. Denn trotz seines unterhaltungsheischenden Titels ist dieses Buch natürlich kein Roman. Es ist eher das Gegenteil davon. Es animiert nicht, eskapistisch in Traumwelten zu flüchten, sondern hier und heute und vor allem in *dieser* Realität sich seiner Führungsverantwortung zu stellen und – unglaublich! – besser zu werden, dazu zu lernen. Nichts ist schlimmer für die meisten Menschen.

Die meisten Menschen wollen nicht besser werden. Sie kämpfen mit aller Kraft dagegen an. Sie schieben die Schuld aufs Management, den Markt, die Konkurrenz, die Lieferanten, die doofen Kunden, die unselbstständigen Mitarbeiter, den Papst, den Hund, das Wetter, den FC Bayern, die Landshuter Feuerwehr, das Essen in der Kantine, die Regierung, ihre Tagesform, die korrupten Politiker (eine Tautologie), die Konjunktur, ... Jede Ausrede ist ihnen recht, um nur ja nicht der bittersten aller Wahrheiten ins Auge blicken zu müssen: Wir können besser werden, wenn wir es wollen.

Besser zu werden, dazu zu lernen, ist eine so seltene und hohe Fähigkeit, dass sie Goethe im Faust (5. Akt) gar ins religiösmetaphyische entrückte: „Wer immer strebend sich bemüht, den können wir erlösen.“ Deshalb meine Hochachtung: Sie haben auf den zurückliegenden zweihundert Seiten etwas dazu gelernt. Allein das macht Sie schon zum besseren Vorgesetzten, Manager, Menschen. Ich beglückwünsche Sie dazu. Das Motto kann nur lauten: Weiter so!

Wenn ich Sie auf diesem noblen Wege unterstützen, begleiten kann, tue ich das natürlich mit Rat und Tat und gerne. So erreichen Sie mich:

Woelkner Consulting GmbH
Alemannenstraße 2
71155 Altdorf

Tel.: 07031 2 33 063

Email: mail@woelkner.de
Website: www.woelkner.de

Bettgeschichten für Manager

Den alltäglichen Wahnsinn beherschen

Es ist nicht leicht, eine Führungskraft zu sein (oder werden zu wollen). Der Druck, der Stress, die Zeitnot ... „Die einzige Zeit, die ich wirklich für mich habe, sind die paar Minuten vor dem Einschlafen“, verrieten mir viele Managerinnen und Manager. Eine Idee war geboren! Denn viele der Fachbeiträge, die ich übers Jahr unters Führungsvolk streue, fanden so große Resonanz, dass Manager aller Hierarchieebenen inständig um eine gebundene Veröffentlichung in Buchform baten: Bitteschön! Nehmen Sie den Titel ruhig wörtlich und dies Büchlein mit ins Bett (wenn's die Partnerin/der Partner zulässt). Vor dem Einschlafen kommen einem die besten Ideen. Zum Beispiel, wie Sie nervende Chefs von unten führen, wie Sie Kritik-Walzer tanzen, warum Attributionsmuster (und nicht Geld, Sex oder schnelle Autos) glücklich machen, was Ihre Mitarbeiter wirklich über Sie denken, wie Sie aus dem Hamsterrad ausbrechen oder wie Sie meckernden Mitarbeitern mächtig das Maul stopfen. All das und viel mehr finden Sie augenzwinkernd zwischen diesen beiden Buchdeckeln. Damit Sie jede Nacht mindestens ein unvergessliches Erlebnis haben.

ISBN 978-3-937677-04-0
Preis: 29,00 €
www.d-k-verlag.de

DEUTSCHER KOMMUNIKATIONS VERLAG

Wo bleiben die Kunden?

Modernes Reisebüro-Marketing

Internet, Reise-TV, Call Center, Aldi, Lidl und andere alternative Vertriebswege machen den Reisebüros landauf landab das Leben schwer. Viele kämpfen um ihre Existenz. Erfahrene Büroleiter und Agenturinhaber wissen zwar, dass ein modernes Reisebüro-Marketing sie retten und zu ungeahnten Erfolgen könnte, doch: "Ich habe keine Zeit für ein Marketingstudium - und externe Marketing-Experten sind viel zu teuer!" Alles Unfug! Für ein professionelles Marketing benötigen Sie weder Studium noch Experten. Alles, was Sie dafür benötigen, haben Sie bereits im Kopf oder in Händen: Ihren gesunden Menschenverstand und diese pragmatische, tausendfach praxisgetestete Anleitung von Praktikern für Praktiker. Viel Spaß und Erfolg dabei!

ISBN3-937677-03-8
Preis: 24,80 €
www.d-k-verlag.de

Deutscher Kommunikations Verlag